女人要么美
要么很美

那些偷偷变美的小心机

陈瑜芳　吴豫芳
苏纬杰　李慕骅

著

河北科学技术出版社

· 石家庄 ·

作品名称：《成为自己的女王：那些偷偷变美的小心机》

作者：陈瑜芳、吴豫芳、苏纬杰、李慕骅

中文简体字版 ©2020 年北京品雅文化有限公司

本书由厦门外图凌零图书策划有限公司代理，经乐木文化有限公司授权，同意授权北京品雅文化有限公司中文简体字版权。非经书面同意，不得以任何形式任意改编、转载。

著作权合同登记号：冀图登字 03-2019-185

图书在版编目(CIP)数据

女人要么美，要么很美 / 陈瑜芳等著 . -- 石家庄：河北科学技术出版社 ,2020.11

ISBN 978-7-5717-0524-4

Ⅰ.①女… Ⅱ.①陈… Ⅲ.①女性－美容 Ⅳ.① TS974.13

中国版本图书馆 CIP 数据核字 (2020) 第 181456 号

女人要么美，要么很美

Nüren Yaome Mei，Yaome Hen Mei

陈瑜芳 吴豫芳 苏纬杰 李慕骅　著

出版发行	河北科学技术出版社
地　址	石家庄市友谊北大街 330 号（邮编：050061）
印　刷	水印书香（唐山）印刷有限公司
经　销	新华书店
开　本	710×960　1/16
印　张	15.5
字　数	182 千字
版　次	2020 年 11 月第 1 版 2020 年 11 月第 1 次印刷
定　价	58.00 元

序 1
女王学：创造自己的全盛时代

我在 2012 年曾撰写著作，意在推广"素颜革命"的观念，很多人都在思考"医美"（医疗美容的简称）的存在，究竟能为个人的生活带来怎样的改变。事实上，医美不仅让人们的外表发生了改变，甚至连内在也起了微妙的变化，神奇吗？

有的人埋怨父母把自己生得不够好、不够美（不断地挖掘自己的瑕疵），输在了起跑线上（仅是外表给他人的第一眼印象就可能决定了机会），但做了"医美"之后，人生就能从此一帆风顺，彻底改变吗？我只能说，如果带着错误的期待，那么得到的结果将永远与期待有落差。

"医美"所提供的技术与服务会因为每个人的情况不同而有所不同，我将此称为"探索自我"的过程。每个专业的医师都是个人专属的"化妆师"，而医美咨询就是让你清楚自己的优缺点，在开始"化妆"前找出最适合你的"妆容"。"妆容"之所以让你"看"起来气色很好、肤色很好、状态很好，自然到让别人完全看不出来……是因为它将你原有存在的优势放大了。好的"妆容"不只美颜，更要素颜，24 小时都呈现自然完美的状态，才是每一次"探索"的真正价值。

每一次革命，都经不起失败的代价

在许多演讲访谈中，常会有听众询问，我到底该从哪里开始？我适合什么？如果做了根本不适合自己的整形，该如何挽救？

这些声音犹如迷失在医美丛林中的小白兔，失去了方向，最惨痛的代价莫过于"人财两失"。谁能承受一次失败？说真的，一次都不能。以为凹了就填，松了就拉？想年轻就打童颜？除皱就是打肉毒杆菌毒素？医美可不是这么简单的课题！"革命"前必须全盘规划，因此，医美咨询师的存在格外重要，绝对不是坊间所认知的只是"简单的咨询"，专业的咨询师甚至能成为医师与求美者的桥梁。

我和瑜芳老师，认识已有 10 年，之前她在一家医美机构担任执行副总时，对于所有的大小事务一直认真负责。10 年来，她也不断精进自己，协助上万的求美者踏出改变的第一步，改写自己的人生。

关于如何变美，求美者大概有一千个疑问，相信通过这本书，每个人都可以找到自己所需，做好让自己变美的功课。

> 美丽是一门专业，就让本书成就属于自己的女王颜值管理学，创造从头美到脚的全盛时代！

陳美齡

美丽尔医学美容集团执行长

序 2
关于美的进化论

一直以来，我们相信人人都应尽情享受生命的美好，也因此一直致力于如何让人们能与时间、先天条件抗衡，由内而外保持最佳状态，不只美丽，更要健康。

瑜芳与我认识多年，她从事医美行业超过 15 年，被业界称为"颜值管理师"，为无数求美者管理颜值，次次创造逆龄奇迹。也因为她的专业，与她合作的医美机构超过 200 家，还有全球知名的国际品牌与其合作，培养出很多医美咨询专业团队，这是许多求美者的福音。专业的医美咨询师帮助求美者迈出改变的第一步，勇敢跨出去就能真正地改变。

除了美丽，安全也是重要的考虑因素，不管是哪种目的，因为都是自身体验，所以"选择"会是成败的关键。

想要持续美丽就要懂得"断、舍、离"

有一阵子日本流行山下英子女士的"断、舍、离"人生整理术，其实也可以用在对于美丽的实现与追求上，以"减法的概念"进入内心的深层与自我对话，罗列欲望清单，考虑现实条件进行筛选后，剩下核心愿望，如此才能更有效地完成自我进化的过程。

如此慎重看待，是因为随着年龄的增长，我们值得活出更精彩的历程。从小到大，你可曾将自己的照片一一排列比对，每一个过去与现在，你更喜欢哪个自己？当我们看怀旧电影时会发现，当年名不见经传的小明星，如今已成为享誉国际的巨星，眉宇之间虽未曾改变，但许多人认为，现在的巨星不管怎么看都比当年顺眼、有型，究其原因，不外乎花了很多心力保养甚至对自己的外貌大力投资，随着名气涨高，内在的气场早已强过当年的自己。

此刻正在阅读此书的你，面对旧时照片的岁月痕迹，当稚气褪去，你还剩下什么值得回味或者徒留淡淡遗憾？不妨收起这些情绪，活在当下，当你意识到转变，就应该开始身体力行，为自己写下美丽的新篇章。

瑜芳的这本书是一本值得此刻的你认真阅读、思索的书，不管为了什么样的目的，给每日醒来站在镜子面前看着自己的你一个更美好的理由。这本书搜罗了瑜芳 15 年来服务许多求美者想知道的 Q&A，可以说是一本美颜进化必备的工具书。

> 相信我，你值得更好的人生，每一刻都从现在的选择开始。

宝龄富锦生技总经理

序 3
颜值经济，原来"美力"这么值钱

根据 2017 年相关数据报告显示：全球一年"修修脸"的人口已达 1500 万，中国大陆近期曾做过医美的人口已达 850 万，而台湾地区每 1000 人就有 8 人做过整形或微整，可见医美已慢慢地从奢侈品成为必需品。

或许外貌已不单是个人观感的问题，经济学教授丹尼尔·汉默许（Daniel S. Hamermesh）对"美貌经济学"研究长达 20 年之久，在他的著作《美丽有价》（*Beauty Pays*）[①]中提到外貌如何影响收入与人生，其中包括外貌条件优异者比长相平庸者收入要多出 3% ～ 4%，而且业绩更好、更容易获得面试录取的机会或者能够获得良好条件的伴侣等。

当然，"美貌"并不是唯一正义，但如果能让"颜值"为个人创造附加价值，或许能让人获得开启自我的钥匙，从另一个崭新的角度检视人生。

[①] *Beauty Pays* 由丹尼尔·汉默许（Daniel S. Hamermesh）所著，原著由普林斯顿大学出版社（Princeton University Press）出版。

美，也要美得安全

医美市场俨然已成为全球第四大消费市场，而在中国，医美产业正在蓬勃发展，医美消费人口逐年攀升，但医美机构质量参差不齐，因为需求大量产生，所以反映出专业咨询师、医师短缺的窘境。另外，还有一个极大的隐患便是——你的每一次医美消费是否都在正规的机构，使用正规的仪器，由专业医师使用安全的产品（如玻尿酸等）执行？这些提问只是希望读者能够在消费前多加思考，如此不仅可以为美丽保值，个人健康与生命安全也才能有保障。

当医美消费唾手可得，价格竞争激烈时，爱美如你，应该更审慎地评估美丽的代价，不只是变美，而是如何安全地变美。"安全"代表能为你的美丽保价，这当然是非常重要的一件事。

不以价格为医美消费的优先考虑，而是学会"思考"与"判断"付出的价值能带来什么样的效果，学习用这样的逻辑思考，才能得到真正专业的服务，而这些服务未来都将决定你的样貌。

> 通过瑜芳的这本书，你将获得改变自己的转折点。当你决定为"美丽"投资，你便能获得预期的报酬，祝愿每一个筑梦的求美者都能在这本书中找到圆梦的快捷方式。

张大方

东京风采整形外科诊所院长

自序
女王的颜值管理学

相信你一定听过这样的故事，不管是电影《丑女大翻身》，还是泰国真人版的"丑女大翻身"①，情节大同小异，不论是职场、情感，抑或人际关系等，外貌似乎成为成功的决定性因素，甚至可以改写人生。

韩国年轻人在韩国网络及论坛上也曾热烈讨论过"女生真心想要变美的瞬间"这样的话题，洋洋洒洒列了几个女生"下定决心"的原因，其中包括"失恋""桃花绝缘体""被同性排挤""因为外貌无法升职"等，这些因素都让当事人在心底留下不可磨灭的阴影，天生的差距，写下了不同的人生。

此刻的你甘于天生命运的安排吗？

法国浪漫主义作家雨果曾说过："美丽，是一封无声的推荐信。"而你希望谁接收到这封推荐信，从此展开与众不同的人生？

---

①泰国真人版的"丑女大翻身"说的是整形后创业成为亿万富婆的泰国女生万芮莎（Nok Wanrisa）的故事，她因为外貌被男友抛弃，还被第三者屡屡羞辱，因此下定决心整形，彻底改变自己，从而改写了自己的命运。

Before ＆ After 的两样人生

　　泰国知名的整形节目 *Let me in Thailand* 免费送参赛者到国外整形，帮助许多因为"外在条件"困住人生的朋友找到希望。案例中对比当事人前后的照片，让人很难相信 Before、After 两张照片竟是同一个人，而知道是同一个人后则大叹整形医师的专业犹如上帝之手。更让人意外的是，同一个人不仅外貌明显改变，内在气场与自信度也大幅提升，这甚至令人怀疑，难道外貌改变，连内在都改变了吗？

　　微整风盛行，许多人因为保养品达不到明显的效果，而寻求微整让自己快速转变。每只丑小鸭都渴望成为白天鹅，但是做了怕假，不做怕丑！用什么方法"改变"最正确？相信这是所有急于突破现状的女性心底真实的声音。

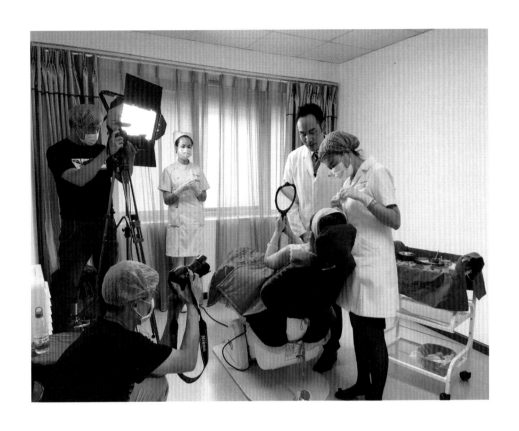

"颜值革命"，靠脸吃饭的年代来临

全球，每一天都有人偷偷在变美！

据一项网络平台大数据显示，2016 年全球女性整形约有 1750 万案例，男性整形约有 280 万案例，而占据整形 NO.1 的国家是美国，出乎意料的是韩国仅排行 NO.3，但韩国人对于整形的接受度比例相对高，甚至已成为全民运动；而泰国人微整的状况，可谓家常便饭，小型微整诊所到处林立，不仅街角巷弄有，甚至连商场中也有，可见泰国人对于外在追求的完美癖。

当然，"颜值革命"并不是鼓励你一定要通过整形或微整来改变外貌，只是当你希望能够通过这样的方式来改变天生的差距，或者希望缩短时间立刻变美的时候，能够帮你踏出第一步，改变命运的第一步。

让你为美好的自己喝彩，是这本书诞生的理由。

身为一个专业的医美咨询者，也许我们无法立刻为你困顿的人生找到出口，更无法解决那些让你压抑的心理问题，但我们能为你此刻所想要的"改变"找到最适合你的、符合你的经济现状，并且依照天生的条件进行最自然的调整，让你一步一步成为心中那个完美的自我。

而如果这样的"改变"能让你每天起床照镜子时都心情愉悦，与自己对话，然后开始与过去不同的每一天，你便开始拥有不一样的人生剧本，虽然你还是上班、下班、回家，过着与从前一样的日子，却在规律的生活中有了更多幸福的理由。

这才是这本书想为你与你的生活所尽的一点心意。

选对医美咨询，是变美心机的第一步

我在中国医美领域从业 15 年多以来，发现医美产业的咨询师绝大多数非常好学，却普遍缺乏专业、销售及定制服务。

15 年多来，我协助瑞丝朗、保妥适、乔雅登等国际知名品牌进行培训，发现这些大品牌其实在近年已逐步开始定期举行各区域的精英咨询师培训。这两家全球知名外商公司所做的培训，受惠者都是从正规原厂进货、业绩比较好的机构，这些机构咨询师原本素质就很高，培训只是等于在帮这些精英做进化而已。

我探访中国医美市场后发现，还有很多咨询师是不符合基本标准的，他们才是更需要培训的一群，却得不到全面性的培训。而不及格的咨询师所衍生的问题自然是瑕疵的服务，甚至会让需求者犹如走钢索一般，站在恐怖平衡的两端。

　　也因为个人能力有限，无法同时兼顾这么多方面，因此我希望能通过这本书，分享更多专业知识，这也是我们成立博思美医，网罗这么多优秀讲师的目的。

　　医美并非"头痛医头，脚痛医脚"的行业，怎么做才能让脸看起来更小巧？什么样的填充剂适合打什么部位？每个问题都牵动着每个需求者的人生，是咨询师们不可不严肃面对的专业。

　　因此我把这本书定位为工具书，从五官该怎么改变开始，到对抗老化、找回窈窕，并且找到最美好的人生价值。

　　本书特别感谢：吴豫芳、苏纬杰、李慕骅等博思培训总监的协助，让每个人都能因为拥有最美好的样貌而扭转人生。

陈瑜芳

医美女王——
博思美医审美学院创始人

陈瑜芳 Yvonne

拥有 15 年以上从事连锁美容事业的经验，跨足两岸医美事业，联结 200 家以上专业诊所，服务近 5 万位 VIP 用户，影响中国咨询师超过 10 万人，从无数人咨询及医美体验的 Q&A 中整理出所有急于改变外貌、身材的问题，堪称成为完美自我的女王学。

擅长

脸部回春美学设计

定制化动态美塑管理

医美流行前端信息

机构营运管理高端企划

市场洞悉运作方案

经历

中国各大玻尿酸品牌指定合作首席咨询顾问

中国多家连锁医美集团指定合作咨询专家

台湾地区知名微整形资深形象设计专家

菲梦丝国际美容连锁机构前副总经理

诺贝尔医疗集团前副总经理

美丽尔医学美容前执行副总

脸部设计咨询专科——
博思美医培训总监

吴豫芳 Fanny

在医美脸部设计领域有超过 11 年的工作经验，是无创微整界＋设计沟通的医美翘楚。每年通过不断出国研习，了解市场最新医美抗老技术。定制化方案既细腻又科学，对美有特别的见解和规划。

擅长

抗衰老逆龄打造

脸部时尚风格精细设计

顾客关系管理维护＆销售技巧教育

疗程营销组合搭配

客户视诊咨询＆开发客户需求

高端医疗营销＆触动式服务学

经历

台湾地区博思美医机构培训总监

中国各大玻尿酸品牌指定合作培训讲师

中国多家连锁医美集团指定合作咨询专家

台湾地区资深皮肤微整形联合设计专家

美容手术咨询专科——
博思美医培训总监

苏纬杰 Eric

　　健康管理师、公共营养师，医美相关领域工作 13 年以上，拥有瑞士 PAUL NEIHANS 抗老医学课程证书。对整形设计方案精益求精，讲究细节审美平衡，对任何治疗讲求的都是治标又要治本的概念。

擅长

皮肤无创联合设计

打造逆时光抗衰面部设计

皮肤分层管理冻龄规划

塑脸美学定制化精细设计

好感销售技巧教育

高端客户管理及维护

大客户开发技巧教育

客户需求开发 & 客户视诊咨询

经历

台湾地区博思美医机构培训总监

中国各大玻尿酸品牌指定合作培训讲师

中国多家连锁医美集团指定合作咨询专家

台湾地区资深微整形及皮肤联合治疗设计专家

中国区假体隆胸咨询特约培训讲师

卿本佳人整形外科前执行长

净妍医美前经理

名莹医美前总监

皮肤管理咨询专科——
博思美医培训总监

李慕骅 Amber

从事医美工作 12 年以上，擅长皮肤与无创微整联合设计。拥有多元医美机构管理经验，精通医美咨询师培训及营运管理，对现场咨询及脸部设计拥有丰富的经验。

擅长

皮肤及微整形联合设计

开运微整美相脸部设计

客户多元精细化管理

提升术后满意度与有效回访

顾客关系管理与销售技巧教育

医疗美容服务流程建制与优化

经历

台湾地区博思美医机构培训总监

中国各大玻尿酸品牌指定合作培训讲师

中国多家连锁医美集团指定合作咨询专家

台湾地区资深皮肤微整形联合设计专家

不管此刻，你为了什么理由想做"自己"？

想，就行动吧！

你看腻了言不及义的宣传 DM（直投广告），想要瘦，想要美，却总是看不到重点，太便宜的不敢去，太贵的下不了手，真的存够了预算，又不知道该找哪位医师？

这本书完全从求美者的角度撰写，包括那些医师忘了告诉你，而你应该知道的，还有求美后的保养应该怎么做最正确，让好不容易达到的完美状态维持得久一点。将平常培训专业医美咨询者的知识分享给你，只为能让你在求美的过程中顺利地遇见更美好的自己。

创造你的第一眼价值

在医美领域服务 15 年了，许多人对医美的态度是既期待又怕受伤害，期待"医美"能为自己带来改变的机会，毕竟许多人都对既有的人生感到"太闷了"！坐在隔壁的同事，明明没有自己贡献多，只因为"有人缘"，在职场明显吃得开；面试时，明明自己有漂亮的履历（学历、证书），却比不过有张漂亮面孔的竞争者……这些"明明"案例就是你我周遭真实的浮世绘。

"我从来没有做过医美项目，很想试试，但害怕变成'僵'饼人！"

"医美手段这么多，但我的荷包有限，我该怎么跟医师沟通，进行我的微整计划？"

"我的大小脸真的可以借由医美变成 V 字脸吗？"

"做了拉皮微整，说可以维持两年，可是我差不多只维持了一年就需要再进厂维修，为什么跟当初了解的不太一样？"

15 年来有太多太多关于"颜值管理"的问题，回答过无数专业医美咨询及求美者的提问，不要觉得你的问题比较特别，你在求美过程中遇到的问题也是所有人会遇到的问题，当然也包括我自己，还有我团队的每位老师（我们也是活生生的爱美人士），所以写了这本书。不管你是现在还是未来有这种需求，你必须拥有正确的观念与足够的知识，才能使自己足以判断——何时做（When）、谁来做（Who）、怎么做（How）、做哪些（What）、价值（Value）。这就是在第一时间帮助你思考与决定的小秘诀。

♛ 女王们的美丽小秘诀

何时做（When）	**颜值 & 身材管理时间表** □脸上多了莫名的纹路 □对比之前的照片，脸部线条明显下垂 □气色黯淡 □斑点 □痘疤 □其他皮肤问题 □不满意轮廓线与五官 □雕塑曲线的部位 □雕塑的范围 以上仅为列举，其实最好的方式就是常照镜子常拍照感受一下自己的变化，就能找出求美的时机。
谁来做（Who）	□专业医师的背景 □专业医师执行的经历
怎么做（How）	□微整或整形部位确认 □使用哪些仪器辅助 □时间与预算（包括后期恢复）
做哪些（What）	□部位确认后会使用哪些产品 □如何调整才明显
价值（Value）	**自我评估** □花费的价值 = 实际疗程价值 □调整后的心理价值

真正的美是——舒服、顺眼、有人缘

有些人听到医美就排斥，认为那是要后天加工，花大钱才能得到的"假象"，但事实不是这样的。我常跟求美者分享，"医美只是一种让自己生活得更好的手段"，我们要善用它，并且找到改变的快捷方式。看到这里或许你会说因为我是医美咨询师，所以鼓励大家采用医美方式来改变，错！我并非鼓励女性必须完全靠它来获得救赎，而是如果现实不允许时，你的"选择"将会为你带来不一样的结局。

有人问："美的标准是什么？"先抛开所谓的黄金比例、名模范例，这些都未必适合你，真正的美应该是"舒服、顺眼、有人缘"，自己照了镜子开心，别人看着觉得顺眼，令人感到舒服自然、没有压迫感，就是持久耐看的颜值。

每个问题都是他人体验的心得

当医美成为你保养的进化术时，切记要有足够的知识储备来面对选择（请参考女王们的美丽小秘诀），书中的每个问题将成为你最好的颜值管理向导，答案都是老师们与专业医师合作多年的经验，回答每个医师来不及告诉你、而你正准备切身体验之前的真实状况，让你充分掌握的目的是让你得到你所想要的结果，从脸形开始，一直到身材、头发、牙齿美容、私密处保养等，可以说应有尽有，翻开书，为你的颜值体验做准备吧！

陈瑜芳

CONTENTS

Chapter 1
你人生的机会来自回头率高的外貌

1-1 完美的脸

004　Q1　你有张讨人喜欢的脸吗？5个关键特质，让你拥有"治愈美颜"！

012　Q2　脸的进化——我天生脸就是肉肉的，怎么做可以大脸变小脸？

016　Q3　拔牙或矫正牙齿真能有瘦脸的效果吗？

017　Q4　为什么打了瘦脸针脸还是很大？

020　Q5　想拥有素颜系美肌，怎样挑选脸部填充物？

024　Q6　我是否需要削骨？削骨之后会更容易变老吗？

1-2　迷人电眼

029　Q1　眼睛决定了你是魅惑颜型人还是可爱颜型人？

033　Q2　想要有电力加分的双眼皮，我怎么选择？

037　Q3　为何开了双眼皮，双眼依然无神？

038　Q4　让眼神扣分的眼形怎么挽救？

040　Q5　我需要开眼头或开眼尾吗？

043　Q6　卧蚕、眼袋、泪沟，傻傻分不清？

044　Q7　如何拥有美女必备的卧蚕？

045　Q8　怎么赶走恼人的眼袋？

048　Q9　令人显老的泪沟怎么消除？

050　Q10　什么是"咒怨型泪沟"？怎么对付它？

052　Q11　如何解除黑眼圈的魔咒？

1-3　美鼻——五官之王

055　Q1　鼻子是决定颜值分数的关键？

056　Q2　怎样的搭配才是完美的鼻形？

058　Q3　哪些鼻形在视觉上大扣分？

062　Q4　山根起点是否有最适当的高度？

063　Q5　想垫高山根，可以用什么方式来改善？

064　Q6　想拥有挺直的鼻梁，有哪些方法？

065　Q7　我不想要蒜头鼻，怎么救我的鼻头？

066　Q8　使用手术方式开刀隆鼻？

067　Q9　隆鼻手术材质怎么选？

068　Q10　我应该选择注射隆鼻还是手术隆鼻？

070　Q11　为什么做了隆鼻手术却没有变美？

1-4　下巴——延伸了美的角度

076　Q1　什么样的下巴才是漂亮的下巴？

078　Q2　我需要做下巴吗？

079　Q3　我要垫下巴，微整注射好还是手术好？

080　Q4　我想打下巴，但看到好多人都打得好假，为什么会这样？

082　Q5　用假体做下巴会不会不自然？

1-5　美眉——决定好感度的关键

085　Q1　眉毛审美，好眉 8 要素你具备几个？

087　Q2　眉毛稀疏怎么办？

088　Q3　眉骨太凸怎么办？

1-6　美齿——迷人的微笑为个人形象加分

090　Q1　牙齿美白怎么做？

091　Q2　哪一种牙齿美白方式适合我？

093　Q3　为什么需要牙龈重建？我的牙龈需要重建吗？

094　Q4　乱牙不好看，缺牙更遗憾？

096　Q5　牙齿美白是否越白越伤牙齿？

1-7 美唇——唇形、唇色、唇线的性感心机

098　Q1　诱人双唇该如何打造？

100　Q2　嘴唇太单薄怎么挽救？

101　Q3　唇形线不明显怎么办？

102　Q4　唇色太暗或唇纹太深能改善吗？

103　Q5　嘴唇周围有口周纹，该怎么让它消失？

104　Q6　嘴角下垂，而且有深深的木偶纹，有办法改善吗？

105　Q7　人中太长或太短怎么处理？

106　Q8　微笑时会露出牙龈，和嘴唇有没有关系？怎么处理？

107　Q9　嘴唇有先天性缺陷，求美者怎样进行修复？

Chapter 2
松凹垮垂，抢救肌龄大作战

2-1　松凹垮垂，时间是女人的大敌

112　Q1　皮肤松了好焦虑！该如何正确判定进入皮肤松弛期？

113　Q2　怎样对抗初老的皮肤松弛？

115　Q3　如何判断自己进入凹的阶段？

115　Q4　如何对抗开始凹陷的皮肤？

117　Q5　如何判断自己进入垮的阶段？

117　Q6　怎么解救松垮的皮肤？

119　Q7　如何判断自己是否已进入垂的阶段？

119　Q8　如何解救皮垂，恢复Q弹肌？

2-2 关于"抗加龄",你可以马上做的事

122　Q1　我要打玻尿酸或填脂肪?

124　Q2　我适合什么样的拉提法? 是音波拉皮, 还是埋线拉提?

127　Q3　法令纹让我像老了 10 岁, 怎么解决?

Chapter 3
美肤是王道

3-1 白皙是女王的必要配备

134　Q1　什么是美白针? 美白针到底可以美, 还是可以白?

137　Q2　我全身上下都好黑, 打美白针可以让我变白变美吗?

138　Q3　有人不适合打美白针吗?

139　Q4　随着年纪越来越大, 皮肤越变越差了, 有什么办法进行整体改善呢?

141　Q5　除了肤质及需求, 还有什么是医美手段选择的依据?

142　Q6　换肤项目多得让人眼花缭乱, 该如何选择?

144　Q7　换肤会让皮肤变薄吗?

145　Q8　美白抗老首先要从对抗紫外线开始?

147　Q9　防晒乳(霜)种类那么多, 该如何选择呢?

149　Q10　防晒品到底该如何正确使用呢?

151　Q11　除了脸部的防晒之外, 其他还有要注意的事项吗?

3-2 细致毛孔

153　Q1　为什么我的毛孔好大、皮肤好粗?

154　Q2　毛孔大、皮肤粗应该怎么改善?

156　Q3　治疗多久，能感受到毛孔恢复细致的最佳效果？

3-3　斑

159　Q1　你脸上的斑是哪一种？

161　Q2　对抗恼人斑点要注意什么？

162　Q3　为什么打完斑，斑点看起来更多了？

163　Q4　听说激光除斑会反黑，是真的吗？

164　Q5　完了！激光治疗后没做好防晒反黑了！该如何补救？

3-4　皱纹

167　Q1　我的细纹是静态还是动态？

169　Q2　对抗皱纹，注射水光针好还是玻尿酸好？

170　Q3　水光针与玻尿酸要多久打一次？效果维持的时间都差不多吗？

172　Q4　怎么做才能消除眼周细纹？

Chapter 4
让女王教你如何打造 S 形超迷人曲线 ×
那些美女间的小秘密

4-1　美胸

176　Q1　什么样的胸形是完美胸形？

178　Q2　我需要隆胸吗？这么多的隆胸方式，哪一种适合我？

182　Q3　我想要隆成巨乳，有没有可能？

183　Q4　胸部开始下垂，如何 UP UP？

185 Q5 隆胸的切口（放置乳袋的入径）有哪些？会留下疤痕吗？

186 Q6 隆胸手术后需注意什么？

4-2 好身材——躺着也能轻松瘦 × 美 × 匀称

188 Q1 市面上各式各样的抽脂溶脂，看得人眼花缭乱，差别究竟在哪里？

191 Q2 哪一种去脂效果较好？

193 Q3 什么人不适合抽脂或溶脂？

194 Q4 抽脂或溶脂会让人皮肤变松吗？

195 Q5 抽脂或溶脂后会复胖吗？可以一做再做吗？

196 Q6 你是胖胖腿还是壮壮腿？如何解决？

197 Q7 你常听到的消脂针是什么？跟抽脂手术有什么不同？

199 Q8 想赶走讨厌的壮壮萝卜腿要怎么做？做手术安全吗？

200 Q9 肉毒杆菌毒素瘦腿多久见效？觉得酸痛正常吗？

202 Q10 现在很流行的"瘦肩针"是什么？

203 Q11 除了瘦肩针外，对付虎背熊腰的方式还有哪些？

204 Q12 做了前面所说的任何一种手术后，是否永久不会复胖？

4-3　女人的私密花园

| 206 | Q1 | 如何修出比基尼线? |
| 208 | Q2 | 私密处松弛怎么补救? |

4-4　头发

212	Q1	什么是植发? 常见的植发手术有哪些?
214	Q2	哪些人适合植发? 哪些人不适合?
215	Q3	植发能让头发变多吗?
216	Q4	植发是永久的吗? 是不是就不会再掉头发了?
216	Q5	我头发不多, 可不可以移植别人的头发?
217	Q6	除了植发, 我可以将毛发移植到眉毛或睫毛上吗?

Chapter 1

你人生的机会
来自回头率高的外貌

1 - 1

完美的脸

你有张讨人喜欢的脸吗？
5 个关键特质，让你拥有"治愈美颜"！

日本的经济学家森永卓郎曾经提出："外表优于财力与说话技巧，是让人决定坠入爱河的第一要素。"他更提出："在饭局中，长相不佳的男人再怎么幽默，也只能扮演热络气氛的附属品，在场的女生多数还是对相貌佳的男人感兴趣。"外貌决定了他人对你的第一眼印象，甚至能轻易享有人际关系的好感度。

日本人认为拥有高颜值的人只用一个笑容就足以融化人心，所以也将其称为"治愈美颜"。"治愈美颜"有 5 个特质，你可以自我检视。

脸要正（对称与平衡）

　　在脸部画出十字，检查左右脸是否对称，脸形是否端正。可以用笔或尺辅助测量以下部位是否成为直线，如果无法成为直线就表示脸部不符合对称的标准，平衡与对称才是端正美。但平衡又比追求完美对称更重要。

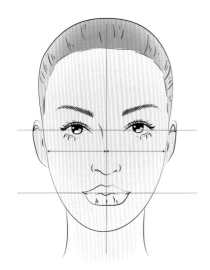 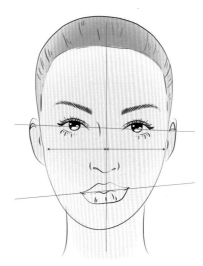

平行对称的脸　　　　　　　　　　　　歪斜不对称的脸

左脸	右脸	一样大（两边的面积一样）
左眉	右眉	一样高
左眼尾	右眼尾	一样高
左嘴角	右嘴角	一样高
左颧骨最高点	右颧骨最高点	一样高

女王小教室 Queens Classroom

你的脸属于哪一型?

绑起头发露出额头及完整的脸，自拍一张照片，描出轮廓线，就可以知道自己的脸形。不管是美容保养还是医美规划，充分掌握脸形，可以跟医师进行良好的沟通，并知道预算应该花在哪个部位。

长脸

长方形脸

圆脸

国字脸

瓜子脸

心形脸

钻石脸

梨形脸

鹅蛋脸

气色好（肤感与肤色）

一张讨人喜欢的脸应该是拥有健康的气色，或是带点红润，或是肤色均匀，给人的联想自然是——"她身体很健康"。如果参考人相学的说法，健康的气色透出饱满的精气神，脸上流露光彩，让人觉得靠近她就有好运，与其交往也不会有负担。

肤质多半为天生，但可以靠调整后天的饮食及生活习惯而改善，只是改善肤质需要花时间，但现在很多人为了缩短时间会考虑医美保养，如净肤激光、皮秒激光。

五官比例和谐

许多求美者希望眼睛大一点、鼻子挺一点、嘴唇性感一点，或照着某明星的样貌做等，结果通常是五官分开看很美，放在同一张脸上就失去了协调美，比例失调。

好看的脸，应是五官比例和谐（就是以前所说的五官端正），没有哪个部位特别大，哪个部位特别小，与脸形搭配，大小得宜，维持一定的间距，就是一种精致的美感。究竟什么样的脸形才是人人口中的"完美脸形"呢？根据古希腊美学及数学家毕达拉斯的理论，拥有以下比例的五官配置，就是所谓的"黄金比例""完美脸形"。

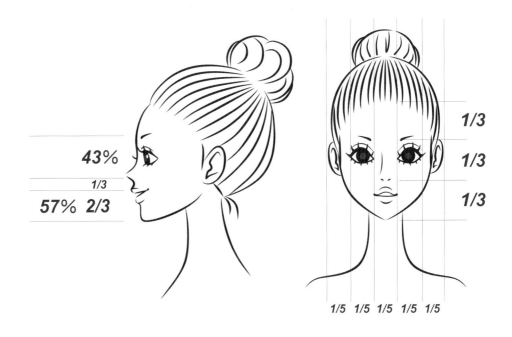

认识黄金比例

女王小教室 Queens Classroom

数学家、美学家眼中的完美脸形，你也有吗？

脸形

脸宽：脸长 = 1：1.618。

从侧面观察，鼻尖、下唇、下巴三点共同连成的一直线称黄金线，上唇比下唇突出 1 ~ 2 mm，下唇比下巴突出 1 ~ 2 mm。

皮下脂肪分布适当、匀称的五官，加上皮肤紧实、曲线平顺。

额头宽度：颧骨宽度：下颌角宽度 = 0.8：1：0.6。

下颌角的黄金角度为 116°。

鼻子

鼻子的长度是整个脸部长度的 1/3 ——发际边缘至眉心：眉心至鼻根部：鼻子下缘至下巴 = 1：1：1。

鼻翼最宽部分不要超过两眼间距。

仰角由下往上看，鼻子要成正三角形。

鼻子下缘根部至上下唇交接处占鼻子下缘至下巴的 1/3。

鼻头的高度为鼻子长度 67%。

鼻根部的宽度与鼻翼的宽度等长，即鼻根部的宽度为两侧鼻翼宽度的 1/2。

鼻柱与人中之间的倾斜角度，女性为 100° ~ 110°，男性为 90° ~ 95°。

鼻子

鼻根与下巴下拉成一垂直线，鼻子隆起的高度与其形成的最佳角度女性约为34°，男性约为36°。脸部黄金线和鼻子斜坡夹角为110°～120°。

两侧鼻翼宽度及单眼的宽度各占两耳外侧距离的1/5。

鼻梁的斜线与下颌角平行，而完美的脸形除了骨架必须符合比例外，还需符合以下标准才算得上是完美脸形：

两侧鼻翼宽度：两侧嘴角宽度 = 1 ∶ 1.618。

眼睛

双眼跟嘴巴之间的垂直距离，占发际到下巴长度的1/3。

双眼瞳孔间距离是两耳内侧距离的42%。

眼睛高度：眉毛至眼睛距离 = 1 ∶ 1.618。

唇

完美的唇宽是瞳孔内侧部分向下的垂直线与嘴角切齐。

双眼瞳孔间距离是两耳内侧距离的42%。

上嘴唇：下嘴唇 = 1 ∶ 1.618。

让人看了心情好的笑容

英国知名教授提出"完美笑容"的条件：犹如"弯月般的笑容"，露出牙齿而不显露牙龈，让笑容延伸至双眼，让人有种"连眼睛都在笑"的感觉。

完美笑容的条件

牙齿	整齐、洁白（白皙）
唇色	红润
颧骨	饱满有肉、位置较高
下巴	修长

会说话的眼睛

只要一个眼神就能表达出喜怒哀乐，因此，称眼睛为"灵魂之窗"一点也不为过。

一般人在预算有限或初体验医美时都是从"眼"开始，如割双眼皮，增加卧蚕的饱满度，去除眼袋、泪沟等（详见后面章节）。

如果想通过医美手段有双迷人的电眼，就要接受医美咨询师的建议，看应该从眼睛的哪个部位调整最有效果。当然，医师必须专业，口碑好。另外，术后的修复保养也需要做足，如此才能使眼睛持续保持"电力"。

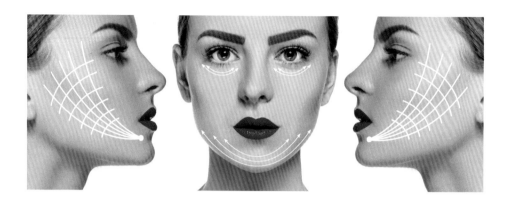

Q2

脸的进化——我天生脸就是肉肉的，
怎么做可以大脸变小脸？

A

　　相信很多人因脸大而备受困扰，但若想依靠医美改变脸形，首先要遵守
原则：一定要先经过咨询师、医师评估，以降低风险。[①]

---

①没有经过评估的结果多半会有无法满足个人期待的状况发生，或者使求美者对于微整或整形过程的
恢复阶段没有心理准备导致突发状况而产生困扰。经过咨询，可了解微整或整形过程的流程及恢复期、
注意事项等（包括饮食及术后护理），最终达到求美者想要的结果。只有经过评估才能减少医疗纠纷
及降低术后风险。

　　一般咨询整形评估必须以求美者的身高、头部骨骼大小及脸部五官比例为出发点，才能设计出属于适合求美者的医美方案。尤其是脸部的整形评估，要看的不只是局部，还要看全脸的比例，先修整大方向，再调整小细节。修饰出轮廓线后，再针对细节进行调整。不过要注意的是：不是所有大脸，只要修饰轮廓线就能搞定，而是要与五官搭配才好看。因为真正的美是协调与舒服。

　　举例来说，若是本身中庭颧骨太宽，不一定要削骨，而是先看鼻子、下巴够不够立体。如果鼻子、下巴在一条中轴线上，那么在视觉上，脸就较精致。如果下巴比较尖，加上鼓鼓的苹果肌，脸的立体感较强，自然就有小脸的效果。

女王小教室 Queens Classroom

想要上镜小脸，你可以这样做！

很多女性朋友以为自己脸大，其实关于瘦小脸的疑惑，用几句话就可破解，这些话我也常跟求美者分享："你不是脸大而是脸垂，你不是脸大而是五官太扁平，你不是脸大而是没下巴，你不是脸大而是皮松。"因此，只有找出自己脸大的原因，才不会浪费钱。

但最怕的就是因为不了解，花了钱，挨了针却不见效果。因为每个人的体质不同，同一种方法，年轻肌也许效果显著，熟龄肌的效果却只能达到 50% 甚至 50% 以下，问题就出在微整前的了解与沟通上。首先让我们来认识一下关于小脸术的各种名词，增加医美保养的入门知识。

你常听到的商业名词	适用状况	预告感受
微创 瘦脸针 （肉毒杆菌毒素）	咬肌大	2 周后开始改变，视个人体质可维持 120 ～ 180 天。建议 6 ～ 8 个月后再打以巩固效果
微创 玫瑰线① （6D 拉提）	颊脂垫 （婴儿肥）	可有收紧、打包、上提打造 V 脸效果。当下即会 V，但隔天则会开始水肿，一般持续 5 ～ 7 天，安全间隔 6 ～ 8 个月（视个人体质状况）

①玫瑰线拉皮手术的一种线材，长倒钩线宛如玫瑰花梗样，因此被称为玫瑰线，通过把倒钩线材放入筋膜层，以拉提松弛、下垂的组织。玫瑰线拉皮主要针对松弛、下垂、皱纹而设计。

续表

你常听到的商业名词	适用状况	预告感受
无创 电波拉皮 （热马吉）	皮松可使用CPT；婴儿肥则可使用DC（因fat layer是超越3.0 mm的）	不需恢复期，术后渐V，3个月后会更V，当下皮肤会感觉变细致。术后隔天即会进入水肿期，5~7天后消肿。至少可以保持6个月，之后再进行加强（视个人要求状况）
无创 音波拉皮 （超声刀）	筋膜层松弛[1]造成的肉垂	无伤口，无恢复期，术后可立即上班，隔天可上妆。约12周可感受其效果，可维持1~2年(视个人体质状况)。若追求更提拉的话，3个月后即可再次进行(深度可达4.5 mm)。1.5 mm可达真皮层，3.0 mm真皮层与脂肪交界，4.5 mm可达筋膜层
微创 激光光纤溶脂 (激光溶脂，采用1 mm激光探针极细光纤)	脂肪与皮松、消除双下巴（主要针对皮下脂肪，仪器解决不了的问题）	伤口小，几乎无恢复期，激光溶脂及引流抽脂在1~3 mm内，不用放引流管，疤痕很小，术后需用人工胶带绷3天，恢复期约4周，约2周可逐渐看出效果(需视个人体质状况而定)。可依个人保养的状态维持较长久的时间(涵盖饮食及生活习惯)
手术/取颊脂垫	婴儿肥	外表无痕迹，术后会水肿，需要1~2周恢复，术后可看出脸部轮廓线的变化，可维持较长久的时间。不建议取太多，老了以后容易口颊松
手术/削骨	从正面看脸宽脸大，颧骨外凸太严重	当下肿，1~3周可消肿，2个月左右可恢复，可永久维持

①筋膜层松弛：苹果肌不往上，嘴角不往上提，或皮笑肉不笑的状况，即可辨别为筋膜层松弛。

拔牙或矫正牙齿真能有瘦脸的效果吗？

　　网络上不乏这样的信息，知名女星戴牙套或拔了智齿后，脸明显变小了，内缩或短下巴也因此有机会"崭露"，脸部的轮廓霎时变得立体，让求美者趋之若鹜，但真有这样的效果吗？

　　牙齿与骨骼都是为了支撑脸部而存在，也就是脸部的支架，跟脸部的宽窄大小没有绝对的关系。脸宽是因为咬肌发达（跟咀嚼的方式与习惯有关），脸圆则跟两颊的脂肪厚度有关（婴儿肥），或者是因为轮廓线影响而造成外观上的错觉，这些都是可能的因素。

　　所以脸形绝不会因为拔了智齿而改变（除非智齿外长对脸形有影响），但矫正牙齿是有机会改变脸部轮廓线的（因为支架调整了，整体脸形当然会改变，后面有专篇介绍）。

　　既然拔智齿不能瘦脸还需要拔吗？

　　智齿常因不易清洁而导致蛀牙，或因造成牙齿生长空间狭窄而产生肿胀、疼痛感（有时生长歪斜还会造成阻生智齿），这时也容易出现影响咬合的状况，基于以上种种因素的考虑，多数的牙医仍会建议拔除智齿。

Q4

为什么打了瘦脸针
脸还是很大？

A

打瘦脸针的求美者必须评估 3 大要素

（1）咬肌的大小。

（2）颊脂垫的脂肪厚度。

（3）下巴。

打了瘦脸针后，脸还是很大，是在门诊上许多求美者都有的疑问，而通常会出现这种情形，是因为很多的求美者不单是咬肌大，还连带着"嘴边肉"肥大，俗称婴儿肥。嘴边肉不是肌肉而是脂肪块，我们通常称为"颊脂垫"。

所谓瘦脸针就是以肉毒杆菌毒素注射在肥大厚实的脸颊两侧肌肉上，因此针对"咬肌"有效的瘦脸针是无法消灭脂肪的。

如何评估自己咬肌的大小

将双手放在脸颊两侧靠近耳垂前下方处，手轻轻压住后用力咬紧牙根，撑起来的就是咬肌。打瘦脸针有没有效可以由此评估，咬肌越大效果越好。但必须注意的是，咬肌非常肥大的人，在注射瘦脸针后，脸颊两侧会有下垂的现象，所以必须进行联合治疗使轮廓线提升（如注射肉毒杆菌毒素、埋线或超声刀手术等）。

女王小提醒

睡觉时有磨牙习惯的患者，打瘦脸针支撑的时间较短，建议 3 ~ 4 个月后可以再注射。打瘦脸针除了瘦脸外，还能起到防止因磨牙而使牙齿崩坏的目的。

如何评估婴儿肥（脂肪垫的厚度）

是不是婴儿肥，可以面对镜子，观察嘴角两侧的脂肪厚度。嘴张开时脸颊两侧的脂肪会被提起，再把嘴巴闭合，就会发现脂肪变厚实，出现婴儿肥的现象。这时需请医师判断脸上的"颊脂垫"是浅层脂肪还是深层脂肪，浅层的话可以使用激光溶脂或抽脂；深层脂肪的话，若是 35 岁以下可以手术取出部分颊脂垫，若 35 岁以上可通过手术取出部分，再加以埋线拉提，以免出现下垂的情形。

评估事项	建议方案
浅层脂肪	激光溶脂或抽脂
深层脂肪	35 岁以下：手术取出颊脂垫 35 岁以上：手术取出颊脂垫 + 埋线拉提

如何评估下巴短缩

　　额头发髻到眉心、眉心到鼻尖（即鼻柱起点），以及鼻基到下巴最下缘的下颌底各呈现的是 1：1：1 的完美比例。倘若不是咬肌或颊脂垫的原因，有可能是因为下巴不够立体，看起来才显脸大（后面针对下巴的章节会继续讨论）。

女王小教室 Queens Classroom

哪些人不适合使用瘦脸针？

（1）高过敏体质者（易过敏体质者）。

（2）孕妇。

（3）哺乳期妇女。

（4）心脏病患者。

（5）高血压患者。

（6）凝血障碍者。

Q5

想拥有素颜系美肌，
怎样挑选脸部填充物？

A

填充部位	可选择填充物
想让额头、眉心、太阳穴饱满	可选择用玻尿酸等填充物填充，或用自体脂肪填充出饱满的效果
想拥有美丽苹果肌，摆脱恼人的泪沟	注射玻尿酸，可立即达到效果。若追求渐进方式达到填充的效果，可选择"舒颜萃"（即聚左旋乳酸，又称"童颜针"）
消除法令纹、木偶纹	注射玻尿酸，可达到效果
让肥大咬肌远离	打瘦脸针（肉毒杆菌毒素），可让咬肌变小，打造柔和的"美丽角"。不过要特别注意的是，若脸部已经出现松弛的情形，此时打瘦脸针会让脸形变成U形脸！所以必须搭配轮廓线提升，若想拥有漂亮的下颌线条，可考虑下巴的立体塑形，注射玻尿酸
打造精致下巴	可采用大分子玻尿酸或装假体，但初次做时，建议先使用玻尿酸，维持时间一年到一年半

脸部填充物比一比

填充物	玻尿酸	自体脂肪	童颜针
脸部适用部位	额头、眉心、太阳穴、苹果肌、泪沟、法令纹、鼻子、下巴	额头、眉心、太阳穴（因支撑度不够理想，不建议过量填补中、下脸部，尤其下巴塑形）	脸颊、苹果肌效果最为理想，额头、太阳穴次之
维持时间	依分子大小或质地软硬度区分为6～14个月，或18～24个月	永久	24～28个月
优点	效果立显且修复期短	没有排斥性	效果逐渐显现，不易发现有注射整形
缺点	会被人体吸收，代谢后可以重复注射	要另外进行抽脂，手术时间较长，需要考虑存活率	不适合想要一次到位的求美者

女王小教室 Queens Classroom

具有富贵强运相的脸形是这样的！

3 个部位看出你的富贵相、旺夫相——脸形可分成上庭、中庭、下庭来看。

上庭	额头、眉心、太阳穴都是饱满的
中庭	拥有苹果肌，没有泪沟及法令纹，高度适宜的鼻子
下庭	下巴线到耳垂间的"美丽角"柔和

在脸形的微整上，只要把握住上、中、下庭这 3 个重点，轮廓线一改变，也能成为好运挡不住的强运面相哦！

男颜女相 or 女颜男相对人生的影响！

相信不少人常听到这样的话："啊！那个女生长得怎么这么像男的！"类似的评价就是所谓的"女颜男相"，这种面相大多有着一张有棱有角的五角形脸，上凹（太阳穴、额头凹陷）下凸（颧骨、下颌骨突出），看起来个性刚硬且冲。

相反，男生长得像女生即"男颜女相"，不少韩国男艺人都属于这类型，眉弓不明显，鼻形细致，下巴到耳垂间的线条柔和无棱角，下巴尖，这样的男人有时比女生更像女生，虽说现今审美上不排斥，但也会给人不够 Man 的印象。

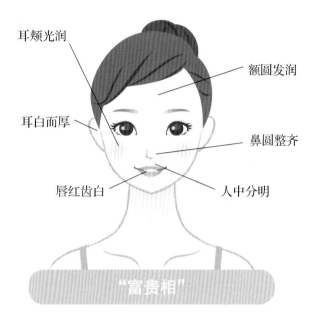

耳颊光润

额圆发润

耳白而厚

鼻圆整齐

唇红齿白

人中分明

"富贵相"

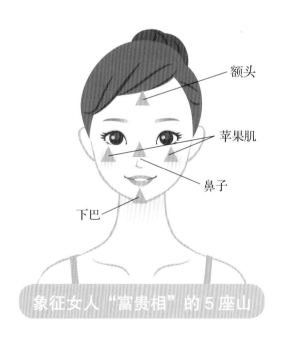

额头

苹果肌

鼻子

下巴

象征女人"富贵相"的5座山

我是否需要削骨？削骨之后会更容易变老吗？

颧骨及下颌骨突出容易造成脸部线条较硬朗，会让女性看起来会显得不够柔和或男性化等。但是，骨架犹如建筑物的根基，是决定脸形的基本条件，天生的骨架无法通过微整形或无创整形方式改变，因此很多人会考虑做削骨手术来重塑脸形。

在做脸部美学设计时，我们建议：以不手术为主，所有的疗程安全才是最重要的，除非骨架突出已影响到心理层面，才会建议选做磨骨或削骨的项目。因为做削骨手术存在一定的风险，老了之后有可能因骨质疏松造成其他问题，对于骨架小的女生来说，特别不建议。

想要打造小脸不妨从之前讲过的几个方向（做下巴，垫鼻子，填充苹果肌、眉宫等）着手。若还是坚持要削骨，必须考虑年龄，超过 30 岁要慎重考虑，因为皮肤可能已有下垂的情形，削骨后还得做拉提。

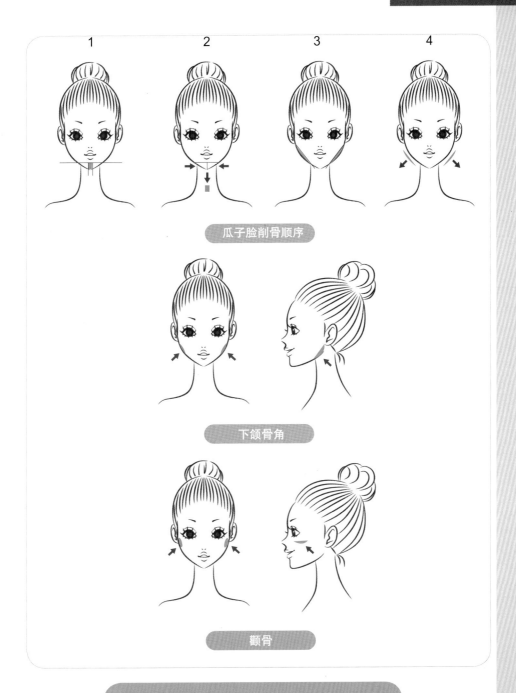

瓜子脸削骨顺序

下颌骨角

颧骨

常见的削骨方式

取颊脂垫手术部位示意图

颧骨（Zygoma）

脸可分为上脸、中脸、下脸三部分。颧骨位于中脸的左右两侧，过宽的颧骨容易使太阳穴或中脸颊显得塌陷，可通过颧骨内缩手术达到中脸平衡。

下颌骨（Mandibular）

"国字脸"容易让人第一眼误以为脸大。下颌骨决定了下脸的宽度，尤其是下颌骨角的角度过宽，再加上五官立体感不足时，易有大饼脸的感觉。

解决方式可采用下颌骨角截骨术，术后修复完即可让 V 脸的轮廓线呈现。

女王小教室 **Queens Classroom**

摆脱五角形脸，建议可以这样做！

五角形脸属于需要进行全脸轮廓线调整的特殊类型（颧骨内缩手术＋下颌骨角截骨术）。五角形脸具备的特质：

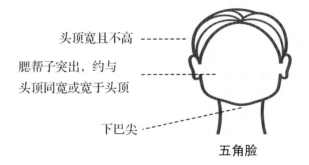

头顶宽且不高 - - - - - - -

腮帮子突出，约与
头顶同宽或宽于头顶 - - - - - - -

下巴尖 - - - - - -

五角脸

女王小提醒

关于削骨美容后的保养与护理，每个步骤都要落实

手术后 48 小时内，每小时冰敷 15 ~ 20 分钟，可降低疼痛并大幅减少淤青及肿胀现象。术后一周内避免低头过久、提重物或剧烈运动等需要过度用力的动作。术后 5 ~ 7 天以流质食物（温冷清凉且不需特别咀嚼）为主，切勿用力张口。

用煮沸过的冷开水漱口，维持口内清洁。术后需要用头部约束带固定，以减少痛感并促使伤口愈合。一个月内切勿任意用力按摩，以避免产生出血问题。

1-2

迷人电眼

眼睛决定了你是魅惑颜型人还是
可爱颜型人？

眼睛是一个人的灵魂之窗，可以传达情感、信息，说不出口的话都能通过眼睛来传达（眼睛骗不了人，别让眼睛出卖了你），有的眼睛透露出智慧、沉稳、温柔、内敛、坚强、刚毅、娇媚；有的眼睛就给人没精打采、呆滞的感觉；有的眼睛甚至会给人狡诈、犀利、凶恶之感。

为什么？

因为人是视觉动物，映入眼帘的任何形态都能传递信息。形态决定了第一个输出的信息是正面还是负面的，所以在现代审美中，女性眼睛以萌娃大眼的可爱纯真、西方混血眼的深邃诱人、东方杏眼秋波暗送的含蓄气质为主流，男性的眼睛以让人感觉沉稳自信、大器智慧、阳光开朗、专注浓情为主流。

根据对眼睛研究最严谨的日本 CHOC 美颜杂志特刊，博思整合出两款关于眼睛的黄金比例的颜型：第一款是魅惑颜型人，三庭五眼 1∶1∶1；第二款是可爱颜型人，三庭五眼 0.88∶1∶0.88。此外，眉眼间的距离也是一大重点。

魅惑颜型人

　　眼形较为细长的魅惑眼，眼形偏窄、眼窝与眼褶的高度较细长，就是传统标榜的"杏仁形眼"。

可爱颜型人

　　可爱颜型人的眼宽与眼距宽度比例为 0.88 ∶ 1 ∶ 0.88，眼宽比标准的 1 ∶ 1 ∶ 1 稍窄，但强调眼睛露出的比例更大，视觉感觉偏圆，产生可爱感。

　　一般来说，在双眼睁开的状态下，眉毛高点与眼睛瞳孔的距离超过 3 cm 就会让人显得没精神；眉毛与眼睛距离低于 2 cm 会让人觉得凶，甚至有面相学的"眉压眼"问题，那么眉眼间的黄金比例到底是多少呢？

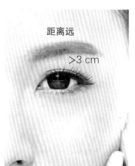

眉压眼　　　　**眉眼间距离太远**

眉眼距离量法

2.5 cm

眉毛与眼睛黄金比例

　　不少整形医生认为，眉毛与眼睛的绝佳黄金比例是眼睛高度与眉毛至眼睛的距离比例为 1 ∶ 1.6；而眉眼间距的标准量法是从眉毛上缘到瞳孔中间的直线距离，2.5 cm 是最佳的眉眼间距。

女王小教室 Queens Classroom

迷人电眼的黄金比例

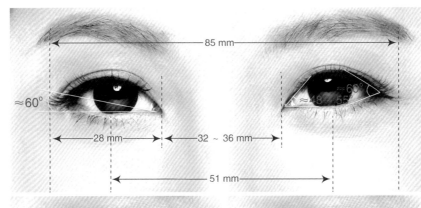

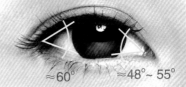

双眼间的距离	两个外眼角的直线距离：女性约 85 mm，男性约 90 mm 两个内眼角的直线距离：女性 32 ～ 36 mm，男性 33 ～ 37 mm 内眼角到外眼角的直线距离：女性约 28 mm，男性约 32 mm 上眼皮最高点到下眼皮最低点的直线距离：10 ～ 20.5 mm 瞳孔间距：女性约 51 mm，男性约 63 mm
双眼间的角度	内外眼角连线与水平线夹角为 10° 左右； 内眼角为 48° ～ 55°，外眼角约为 60°

想要有电力加分的双眼皮，我怎么
选择？

　　虽说目前韩流当道，许多韩星的单眼皮仍十分受欢迎，但大抵而言，大
家对于电眼美女的定义，还是有着双眼皮的大眼。而双眼皮手术是医美界公
认收费最便宜，却相对复杂困难的手术，因为双眼皮手术与眼整形手术有巨
大的差别。

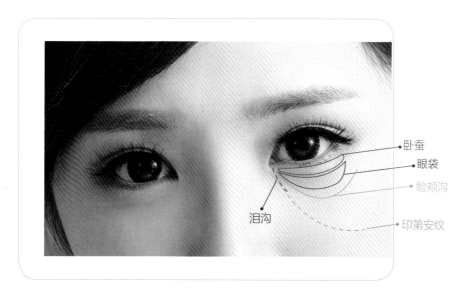

卧蚕

眼袋

睑颊沟

泪沟

印第安纹

NO.1 平行形

眼头到眼尾宽度一致，双眼皮跟上眼睑睑缘基本平行，适合眼眶骨较大、眉弓较高、眉眼距较远者。

NO.2 开扇形

靠近眼头处的双眼皮折痕较窄，到眼尾渐进开展变宽，犹如扇子。

NO.3 平行＋开扇形

靠近眼头处的双眼皮褶痕较窄，但与上眼睑睑缘基本平行，中间到眼尾同宽，内没连接眼头。

NO.4 内窄外宽平行形

靠近眼头处的双眼皮连接在一起，中间到眼尾同宽。

NO.5 新月形

特征是头尾皆窄，中间较宽，双眼皮呈现一圆弧线，宛如新月。

常见的双眼皮类型

女王小教室 Queens Classroom

开双眼皮的方式及双眼皮手术宽度的比例

一般来说，有缝的（也有的称埋线），有割的。大部分的眼皮都可用缝的方式制造出漂亮的褶痕，但有些情况，如眼皮明显不对称、先天或后天性眼睑下垂、眼皮松弛、眼皮脂肪过多、想要改变睫毛的角度、双眼皮皱褶不想太肥厚，优先考虑用割的方式。至于双眼皮要开多高，视眉眼的距离而定。

开双眼皮的方式

缝双眼皮	单点、三点、多点缝法，以及波浪式、8字缝法、梯形缝合法等。这些方式可以混合使用，交替运用以达到加乘效果
	优点 步骤简单，但涉及动态的眼皮、先天不对称、眼睛大小、眼皮厚薄、脂肪
	缺点 若缝太少，针容易掉
割双眼皮	**优点** 可维持很久，失败概率低
	缺点 手术后会有一段时间的红肿期，恢复时间因每个人的体质不同而不同

双眼皮手术宽度的比例

睑板的宽度决定了双眼皮的最大限度，其正常宽度在 10 mm 左右，适中的宽度则在 7 ~ 8 mm 以下，双眼皮设计宽度建议不要超过睑板上缘。

较宽（10 mm 以上）

适中（7 ~ 8 mm）

较窄（4 ~ 5 mm）

最窄（最窄 3 ~ 4 mm）

♔ 女王小提醒

不是只要有双眼皮，眼睛就能变大变漂亮！

每个人因眼形、眼皮、骨骼、脂肪、筋膜、提肌……不同，都会影响手术呈现出来的效果，如果再遇到经验不足的医师，割了双眼皮后会产生更多问题，如三角眼、不对称、更肿更泡等，因此手术前还是要请医师评估，和医师仔细讨论，以免效果与期待有落差！

为何开了双眼皮，双眼依然无神？

开了双眼皮，眼睛却没有变得像预期的一样明亮有神？造成这样的原因有可能是提眼睑肌[①]无力，或是脂肪太多。

若是提眼睑肌无力，可以加做提眼睑肌手术；若是脂肪太多，可以去脂。这些都可以使双眼变得有神。

提上眼睑肌功能不全或完全丧失，会导致上眼睑部分不能完全提起，容易给人没睡醒、没精神的感觉，且由于潜意识里想要一直睁大双眼，会利用额肌力量来提无力的上眼睑，造成挑眉或额纹加深，即使年龄很小也很容易有抬头纹。因此，最好做提眼睑肌手术。提眼睑肌手术怎样做呢？一般来说，可以将肌肉缝紧缩短长度，也可以将肌肉剪掉，但是肌肉万一剪太多就无法恢复，因此大多求美者会选择将肌肉缝短，来达到正常张开眼睛的目的。

---

①它是使眼睛张开的其中一块肌肉。正常情况下，眼皮会盖住黑眼球 1～2 mm，但当提眼睑肌无力时，黑眼珠会被眼皮遮住 2 mm 以上，眼睛会显得无神。

让眼神扣分的眼形怎么挽救？

　　美丽的眼睛不是有双眼皮的折痕就好，而是要大而明亮，且眼皮形态与脸形五官协调、不下垂，还要没有过分被多余的组织覆盖，最好能自带亮眼美技（翘睫、萌宠或充满媚惑电力）。

　　如何挽救瞬间失去电力的双眼呢？

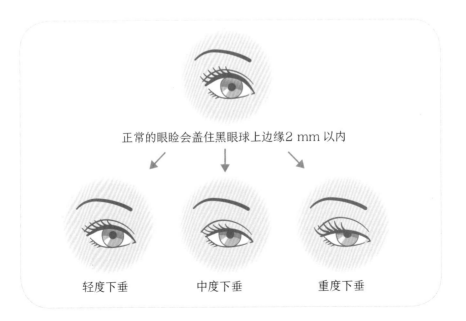

正常的眼睑会盖住黑眼球上边缘2 mm 以内

轻度下垂　　　　中度下垂　　　　重度下垂

类型	特色	处理方式
眼皮无力下垂	上眼睑部分不能完全提起，经常给人没睡醒、没精神的感觉	做提眼睑肌手术
蒙古褶	有内管赘皮，眼睛会显得很不精神，常有倦怠感、缺少自信感	开内眼角手术
吊眼	特征就是外眼角高于内眼角，容易让眼神显得锐利，有凶恶感，如果结合眼裂小，更会给人一种不屑、自以为是的感觉	内眼睑下置手术，让黑眼球以外的下眼睑稍微往下，让眼睛露出更多一点，这种手术通常合并开眼尾手术
眼裂太小	黑眼球露出的部分太少，整个眼神的明亮度大打折扣	双眼皮形成术，合并开眼头、提眼睑肌
泡泡眼	肿眼泡的人都有脂肪厚、肌肉厚、皮厚的特点	小切口移除脂肪
三角眼	上睑皮肤松弛下垂影响双眼皮的形状，常给人以疲惫感	视形成原因而定，老化引起的话，建议先补脂后修皮

无蒙古褶

轻度蒙古褶

中度蒙古褶

重度蒙古褶

常见的蒙古褶

我需要开眼头或开眼尾吗？

什么是"开眼头"或"开眼尾"？前者是把原有双眼皮的眼头前端剪开，后者则是将眼尾切开，两者都能达到有效拓宽眼形的效果，也能掩饰鼻梁过塌的缺点。

不是每个人都适合开眼头或眼尾，颧骨太高的人就不适合。另外，还要提醒大家，开眼头或眼尾有其风险性：眼睛会较干涩，甚至下睑处外翻。因此，若是觉得眼睛不够大，或双眼眼距太宽，需要开眼头或眼尾，不妨咨询经验丰富、案例较多的专家，以讨论出适合自己的解决方案。

评估的方法如下：

开眼头

开内眼角能将两眼的距离拉近，使五官的比例更加协调，但眼头不是越大越好看，眼头开多大是需要恰当的比例拿捏的。好看的眼睛还要和其他五官协调，两个内眼角的距离大概是一只眼睛的宽度，小于一只眼睛的宽度会给人五官太过拥挤的感觉，平视的时候一只眼睛的高度是 7 ~ 12 mm，宽度是 25 ~ 30 mm，外眼角比内眼角高 2 ~ 3 mm，而眼睛内眦的露出不可大于 70%，否则会给人不可亲近的印象。

另外，开眼头与双眼皮折痕的设计，也会决定术后眼角的开放程度。当然这也与先天眼距宽窄及鼻子山根高低有关，合并鼻整形手术，对于缩窄眼距开放眼头效果更好。

开眼尾

如果两眼眼距已正常或很接近，但眼裂太短且眼小无神，又不适合开眼头，就应考虑开眼尾。另外，外眼角角度过于锐利向上倾斜，或眼睛与脸形的比例不佳，都可利用开眼尾手术改善。

开眼尾术会让眼睛有向外侧延长 2 ~ 3 mm 的效果。眼尾切开的疤痕较不明显，一段时间后大概都无法察觉。开眼尾拉长眼睛的效果与本身的条件有关，如外侧眼眶骨距离和眼睛的深度，而并不是伤口切开越长，效果就越好。太长的话反而会留下明显的疤痕。

然而不论是开眼头还是开眼尾，大部分术后过一段时间都会有点回缩，所以有经验的医师会视其条件来决定是否要进行"过度矫正"。

👑 女王小提醒

重要的是术前沟通，不是价格！

　　眼睛为灵魂之窗，术前审美评估非常重要。设计是为了找到适合自己的经典款，而非只是赶流行的无限放大。术前多与专家沟通是非常重要的，而不要一味地看价格哦。

👑 女王小教室 Queens Classroom

"双眼皮手术"与"眼手术"是不同的！

　　传统双眼皮手术，会把重点放在眼皮上，目的在于多一条折痕就好，让眼裂稍微明亮就好，既然是只有眼皮的改变，所以开法也相对简单。

1. 缝合法

（三点缝、六点缝、订书针双眼皮、无痕双眼皮等）

2. 切合法

（割双眼皮、重睑术）

　　然后再细分——全开法、半开放式切法、闭合式切法等。传统双眼皮手术的三大问题，并不能满足现代人对眼睛的审美追求（深邃立体、明亮有神）。

卧蚕、眼袋、泪沟，傻傻分不清？

疲惫感最容易显现在泪沟和眼袋上，很多时候我们常因分不清而发生令人啼笑皆非的状况，有些小女生打了卧蚕后，反而有了一个"假眼袋"。究竟该如何分辨卧蚕和眼袋呢？

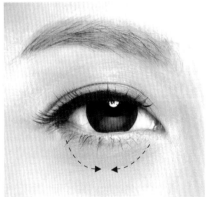

卧蚕

笑起来才明显

饱满圆润

下眼皮处约 1 cm

眼袋

笑与不笑都非常明显

倒三角形状肿塌

下眼皮处 2 ~ 3 cm

你拥有的是卧蚕，还是眼袋

如何拥有美女必备的卧蚕？

卧蚕是指下眼睑的肌肉。笑袋卧蚕整形术是目前流行的眼睛增大术，有明显卧蚕，会让眼睛比较圆。有些人眼神锐利，在眼下增加卧蚕后眼神会变得温柔，不过有时卧蚕太大，会让人误以为是眼袋，那换来的就是老态，而不是可爱了。

如何拥有桃花眼必备、迷人且大小适中的卧蚕？

填充剂	可注射小分子玻尿酸或自体脂肪，要注意的是，剂量与位置要相当精准，少为原则，才能避免水肿，呈现自然！此外，有时用自体脂肪做卧蚕时会有颗粒感且不均匀，因此许多医师并不建议用自体脂肪（若想缩小卧蚕则可注射极低剂量的肉毒杆菌，但需要熟悉剂量点位的医师操作才有安全保障）
卧蚕整形手术	若想利用整形手术的方式，可植入Dermis、Fascia等人工材质，也可植入自体真皮或自体筋膜，或将眼皮下缘的肌肉重叠缝合，目前还是以植入人工真皮或筋膜最为普遍

怎么赶走恼人的眼袋?

3 个原因让你长出超龄眼袋

（1）脂肪堆积于下眼部 。

（2）筋膜松弛 。

（3）老化造成眼眶骨的萎缩，眼睛上下眼肌组织随年龄增长逐渐松垮，眼眶后脂肪凸出形成袋状，也就变成了眼袋。

　　眼袋不仅让整个人看起来十分没精神，还会让人显得比实际年龄老上好几岁，甚至还有人会出现下睑板外翻等症状。

3 个方法彻底消除恼人的眼袋

1. 去眼袋手术

重度	睫毛下眼袋摘除术（外开式）	从下眼睑睫毛下缘切开，依序切开眼轮匝肌，打开下眼眶眶隔，剥离出脂肪，然后将多余的脂肪切除，再将松弛多余的皮肤切除，最后将伤口缝合。此种方法适用于眼袋较大、眼皮皮肤松弛、皱纹较多，或是下眼睑弹性较差的受术者。大部分人疤痕皆不明显，少数有疤痕体质者会有比较明显的疤痕
中度	结膜内眼袋摘除术（内开法）	从下眼睑内侧的结膜切开，将多余眼窝脂肪找出并去除，从而使眼袋消失。此种方法适用于眼窝脂肪有多余的膨出，但眼皮皮肤弹性不错、下眼皮并无松弛皱纹者。因其伤口不经皮肤切入，而是由结膜切入，所以眼皮表面不会留下任何疤痕。缺点是仅能处理眼袋，不能处理皮肤松弛及皱纹，所以适用于较年轻的人群，年纪较大或皮肤明显松弛的话就不太适用（若原本症状合并泪沟，可顺道做脂肪转位手术改善）
轻度	泪沟填平术	将原先去除的脂肪用移位的方式在下眼眶骨骨膜上方固定。而如果只使用抽掉眼袋脂肪的方式，反而会使泪沟的凹陷处更加明显，采取凹陷泪沟填平术不仅能让凹陷的泪沟消失，效果也会较稳定自然

2. 玻尿酸注射

可将玻尿酸打在眼袋凹陷处，但功能只是让"眼袋"和"苹果肌"之间显得较平整，使眼袋看起来较不明显，但微笑时还是会显露出来。

3. 童颜针

对于轻微眼袋较有效，因童颜针具有收紧下眼皮的作用，效果自然。不过由于下眼皮周围的皮肤较薄，若注射不均匀容易出现颗粒感，且接近眼球易发生风险，因此医师的技术十分重要，目前台湾地区的童颜针适应证不建议注射。

令人显老的泪沟怎么消除？

泪沟形成的原因有很多，主要有眼下的骨骼与软组织先天性不足，还有眼下韧带松弛。另外，黑眼圈会使泪沟的深度更深。年龄较大者，泪沟、眼袋和细纹常是合并出现的，产生的主要原因有 3 个。

（1）眼下的皮肤松弛 。

（2）支持性筋膜韧带的张力及弹性下降 。

（3）胶原蛋白流失 。

填泪沟似乎是近年来十分风行的微整，大多数人在填完泪沟后，都有"立即回春"的效果。速效且效果佳，使得填泪沟受到爱美女性的欢迎。不过要小心的是，泪沟若填不好，反而会让眼袋加重！

一劳永逸解决泪沟困扰，你可以······

开刀

将眼袋取出的脂肪精化后，直接填到泪沟里，一次手术解决眼袋和泪沟的烦恼。

玻尿酸注射

选择最小分子的玻尿酸在眼下少量填充。若注射大分子玻尿酸，或打得太浅，会出现"廷格尔效应"，看起来就像超重的黑眼圈一般，因此打泪沟的玻尿酸不适合用大分子，且不能打太浅。

童颜针注射

由专家调整浓度注射。除了填平泪沟，也可改善松弛的下眼皮及轻微眼袋，但非常考验专家技术，浓度太高或太低都会影响效果。

洢莲丝注射

洢莲丝（Ellanse）是一种创新成分的皮肤填充剂，它同时结合了玻尿酸、晶亮瓷组织充填的功能，以及童颜针刺激胶原蛋白拉提紧致的功能。

小常识

廷格尔效应是指光透过胶体物质产生的结果。之所以会产生，是因为蓝光波长短，比较容易扩散，使皮肤看起来像蓝色或淤血。

什么是"咒怨型泪沟"？怎么
对付它？

讲到泪沟，博思美医曾特别探讨过一种综合型的症状，即"深度泪沟＋黑眼圈＋眼袋＋眼下皮松"，我们称为"咒怨型泪沟"。

综合型的症状特征 = 咒怨型泪沟

下眼眶凹陷（泪沟）	皮松
眼袋	黑眼圈

许多人以为只要填补泪沟或移除眼袋就可以让眼睛变漂亮，但在有"咒怨型泪沟"的人身上，有可能填了之后更糟，而单纯移除也容易造成皮松或凹陷。

"咒怨型泪沟"采取联合治疗，才能全面改善

（1）肌肤——使松弛的皮肤重新紧实。

（2）筋膜——失去弹性的筋膜得到支撑。

（3）胶原蛋白——补充失去的胶原蛋白。

　　若是有眼袋，又有深凹泪沟，有凸有凹还皮松，可以建议先采取"脂肪转位术"+"收紧眶下筋膜"，手术完全恢复后若想让皮肤更为紧实，可以这样做：进阶合并PDO蛋白线和玻尿酸，以蛋白线作为框架，玻尿酸为砖，重新架构松弛下垂的眼下软组织，使松弛的皮肤增加紧实度，给予下坠的脂肪组织支撑。

如何解除黑眼圈的魔咒？

你的黑眼圈，其实是这样来的

（1）遗传。

（2）过敏体质。

（3）眼周血液淋巴循环差。

（4）长期睡眠不足。

（5）静脉回流差。

遇到以上情况，就会让眼睛下方出现蓝黑色的眼晕及肿胀。

要治疗黑眼圈，必须同时改善"黑"和"眼圈"。

首先，所谓"眼圈"是指泪沟和睑颊交界处，此交界处的皮下和泪沟是相连的，只是泪沟是内侧，睑颊交界处是外侧，因此处理方式和泪沟一样，要使用玻尿酸或童颜针。

若是黑眼圈的黑是黑色素沉淀，可用净肤激光；若是因微血管扩张，可用染料激光改善血管扩张；若是因为下眼皮真皮层变薄导致，这时可用童颜针刺激胶原蛋白增生，或是用自体脂肪改善皮肤太薄的问题。

	眼圈		黑			
位置			色素（少数人）		下眼皮太薄（多数人）	
	泪沟	睑颊交界处	黑色素	血管扩张		
治疗	玻尿酸或童颜针	玻尿酸或童颜针	净肤激光	染料激光	童颜针	自体脂肪
方法	主要打在骨膜层	主要打深层（眼轮匝肌下脂肪垫）	表皮与真皮黑色素	改善皮下血管扩张	促进真皮胶原蛋白增生	改善皮下脂肪太薄的问题

1-3

[美鼻——五官之王]

Q1

鼻子是决定颜值分数的关键?

A

　　无论男生还是女生,无论明星还是身边的朋友,鼻子在五官中的地位是十分重要的,因为鼻子位于脸部的中央,影响着脸部轮廓的立体度和整个人的气质,因此鼻子好不好看,对容貌影响甚巨。

　　东方人多半天生塌鼻、短鼻,很多人想借由医美改善,但若没有具备鼻形美学概念与鼻子解剖基础理论,容易陷入一味追求"高挺"的谬论中,认为只要鼻梁高就好看。其实鼻子是一个三维的空间,不仅仅有高度,同时存在鼻尖形态、鼻翼宽度、鼻孔形态。一个合适的鼻子不仅要依据个人脸部弧线来设计,同时还要考虑脸形骨骼、眼形,甚至工作职业、生活圈。

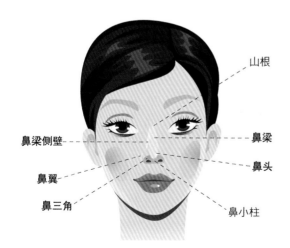

山根

鼻梁侧壁

鼻梁

鼻头

鼻翼

鼻三角

鼻小柱

　　美国著名的美容外科专家瑞斯曾说:"鼻整形手术是所有外科手术中难度最高的手术!"若说鼻子决定了这个人的外貌美丑,一点儿也不夸张。

怎样的搭配才是完美的鼻形？

一般来说，我们会以"三庭五眼"来评断鼻子的外形，三庭是指鼻子的长度，约是全脸长的 1/3，五眼是鼻子的宽度，约是全脸宽的 1/5，鼻子的宽度和眼睛长度是差不多的；另外，理想的山根高度是鼻长的 1/4，理想的鼻尖高度是鼻长的 2/3。

因此，鼻子长度就可决定山根的高度，以及鼻头要垫多高。若想拥有完美的鼻子，必须先看比例再决定形状，搭配脸形进行整体评估。

悬胆形态

美学海鸥线

如截筒、近悬胆，为现代女相好鼻

女王小教室 Queens Classroom

好看的鼻子需要具备 5 个条件

好看的鼻子，在美学上应该具备 3 个度——合适的长度、高度与鼻头翘度。

在解剖上更为精细：

（1）鼻背曲线（鼻额角 120°～130°）。

（2）鼻尖曲线（鼻基底至鼻背角度 90°）。

（3）鼻翼凹窝（鼻翼沟曲线）。

（4）鼻唇角至鼻柱嘴唇中间的角度，女性为 95°～110°，男性为 90°～95°。

（5）好看的鼻子，还强调有好看的海鸥线①。

海鸥线

---

①海鸥线：从正面看鼻子时，即鼻头和两边鼻孔上缘连成的线。连成的线犹如展翅的海鸥，因而命名。

哪些鼻形在视觉上大扣分？

短鼻

　　理想的山根高度为鼻长的 1/4，如果本身鼻长偏短，只是将鼻梁变高也不会好看。可利用鼻中隔或肋骨进行鼻延长手术，拉长鼻背，打造鼻头海鸥线，让整体比例与脸形平衡。

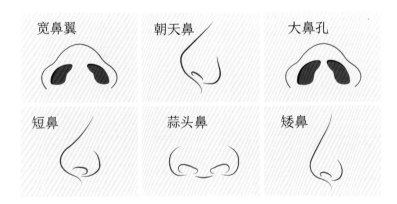

宽鼻翼　　朝天鼻　　大鼻孔

短鼻　　蒜头鼻　　矮鼻

👑 女王小提醒

短鼻者在设定"鼻"手术、鼻根高度时，建议不超过双眼皮褶痕。可留多些皮肤覆盖延伸的鼻头与鼻柱衔接，如果想要高挺，则可以利用注射方式改善，否则会影响海鸥线往下的空间，鼻头捏起特别紧的更是要注意！

朝天鼻

当鼻唇角（鼻中柱与上唇的夹角）大于105°，鼻孔向上，即为朝天鼻。由于鼻头软骨力量太弱，朝天鼻的鼻部皮肤较紧，不容易通过微整注射手段来改善，即使进行鼻雕线改善得也有限，无法将鼻孔朝天转向。

朝天鼻矫正，必须克服鼻梁鼻头的皮肤张力，来延长鼻子长度，将上鼻侧软骨与鼻翼软骨分离，鼻中隔软骨或肋骨往前延长，再置入适当的鼻模，并以自体软骨来完善鼻尖。

塌鼻

只要选择合适的能塑形的注射剂，即可改善，只需注意注射的层次即可。

鼻梁曲折有节（驼峰鼻）

鼻梁有节的类型又分软骨突出型、硬骨突出型与混合型。

改善方式：手术磨平突起的鼻骨与上鼻侧软骨，但若骨节突出不太明显，暂时不用考虑手术，可采取微整注射改善。

鹰钩鼻

鹰钩鼻与朝天鼻都在于鼻唇角的角度，一个过小，一个过大，当鼻唇角小于90°则称为鹰钩鼻。

改善方式：将过长的鼻翼软骨、鼻中隔软骨切除。

鼻骨宽大

多数人山根侧面看符合高度标准，正面看缺乏立体感，问题就出在鼻梁高但鼻骨过宽，此时只要让山根高挺就能改善。

改善方式：如不考虑将鼻骨内推，则需要用塑形力强或黏性较高的注射剂或是用鼻雕线打造 Y 字线，能在视觉上改善此问题。

鼻准头圆肥（狮子鼻）

鼻准头圆肥，鼻根低陷，鼻翼过度外扩，造成鼻孔过大的外观。

改善方式：通过"缩鼻翼""缩鼻孔"手术来改善外扩的现象。

轻、中度鼻翼外扩：轻度鼻翼外扩，切除较少的外扩鼻翼；中度
鼻翼外扩则切除较多的外扩鼻翼。

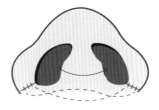

重度鼻翼外扩：切除更多的外扩鼻翼，并对缝双侧鼻翼。

歪鼻

因鼻部弯曲造成，常伴随鼻中隔偏曲的问题。分为 C 形、S 形及侧歪形，采用不同方式来矫正鼻骨、鼻中隔软骨、鼻翼软骨及上鼻侧软骨。

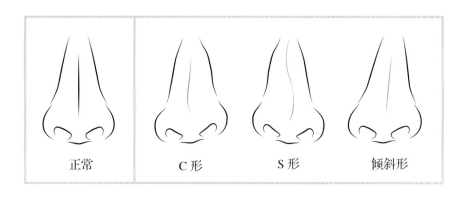

正常　　C形　　S形　　倾斜形

歪鼻种类

山根起点是否有最适当的高度？

　　以美学来说，山根的起点最好和上眼皮的高度平行；眉心、额头饱满，加上本身拥有宽厚的双眼皮，可以再往上 0.1 ~ 0.2 cm；若颧骨高，加上眼睛较细长往上扬，则建议往下 0.1cm。男女对山根的要求不同，男生的山根要宽度，女生则要显秀气。

想垫高山根，可以用什么方式来改善？

　　山根较低通常是东方人最常见的，因为天生鼻骨不够高，想要垫高山根，只要注射填充物就可改善。要注意的是：印堂高度需比山根高0.5cm，否则鼻子会显得十分不自然。

山根填充物比较

	玻尿酸	晶亮瓷	线性微整
优点	价钱较便宜	塑形佳、够挺	较不易变宽
缺点	持久度不足、容易扩散、怕热、怕压	打太浅容易造成血管扩张的红鼻子现象	有可能造成线体穿出，且需要医师有较高的技术

想拥有挺直的鼻梁，有哪些方法？

　　鼻梁，在面相上代表一个人的赚钱能力，怎么做才能拥有挺直的鼻梁呢？

　　较持久的方式是放入假体或自体肋骨，若不想开刀或只是欠缺一点高度的鼻形，填充物注射也是选项之一。

　　不过鼻梁填充物有时也会受限于求美者天生的条件（后面也会针对不宜注射的状况进行说明），如鼻梁太短，填充物派不上用场时，"线性微整"能稍稍有帮助；特别要注意是，给鼻子打填充物，最好是注射在深层，避开血管较安全，填充物也较不易扩散，否则，变成电影《阿凡达》中的"纳美人鼻"就失去美鼻的标准了。

鼻梁填充物比较

	玻尿酸、晶亮瓷	线性微整
优点	便宜有效	安全有效
缺点	维持时间较短，若不小心填太多，会造成鼻头血管栓塞	医师的技术门槛较高

我不想要蒜头鼻，怎么救我的鼻头？

以现代人的审美观来说，希望鼻头有肉，但也不想要蒜头鼻，理想的鼻头应是"海鸥鼻"或"爱心鼻"。

理想的鼻头高度和鼻翼的宽度相同，不过对于鼻头来说，较少医生会使用微整的方式，大多还是以手术为主，因为这个部位的皮肤和皮下骨头的连接十分紧密，不易注射填充物。

鼻头整形非常需要医师的"专业"与"审美角度"，每种鼻形，包括蒜头鼻、朝天鼻、鹰钩鼻等，一般来说，都要配合鼻梁的手术和微整一起调整。

要注意的是，许多人喜欢拿明星照片，指定要做同款鼻形，事实上同款鼻形也会因天生条件不同而有差异，因此手术前，务必先和医生做充分沟通，并慎选医生。究竟什么样的鼻子才算好看？其实没有一定的标准，还是得配合自己的脸形和五官，需要与医生充分沟通才能有满意的结果。

使用手术方式开刀隆鼻？

最早期的隆鼻为一段式隆鼻，即直接放一个 L 形假体把鼻梁及鼻头垫高，手术 1 小时就可解决，不过就长期而言，产生的问题较多，会让皮肤越来越薄，导致假体穿出，或是假体外长了包膜，产生挛缩，让鼻子越来越朝天。之后出现了两段式隆鼻，就是拿一小块耳骨挡在鼻头尖端，使假体较不易穿出，但事实上这是个不完全的手术，因为鼻小柱部分的假体时间长了还是会有上述问题。

演变至近期，最常使用的隆鼻方式称为三段式隆鼻，又称复合式或 3D 建构式隆鼻，只在鼻梁放假体，再拿软骨在鼻头覆盖保护，鼻小柱也是自己的软骨（耳软骨或鼻中隔软骨或异体），这样就可避免上述的问题。

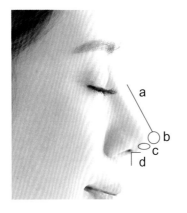

a 山根到鼻头的连线平顺，鼻梁高而挺直。

b 鼻尖比鼻梁稍高，成微翘的感觉。

c 鼻小柱不内缩。

d 上唇与鼻小柱的角度大于 90°。

Q9

隆鼻手术材质怎么选？

A

　　隆鼻以手术最为一劳永逸，面对手术可选择多种隆鼻材质，究竟该怎么选择？事实上，没有哪一种材质是最好的，各有优缺点。

材质	优点	缺点
硅胶 Silicone	感染率较低，很少人会产生排斥	有位移突出和包膜挛缩造成朝天鼻的可能
膨体 Gore-Tex	小孔洞和组织结合度非常好，在触觉上很自然，比较不会产生包膜挛缩，鼻子也较不会滑动，适合垫鼻梁	（1）价格昂贵 （2）植入后受到组织挤压，体积会减少2～3成 （3）如果产生并发症或不满意较难移除 （4）弯曲及边缘皱褶
卡麦拉	本体是硅胶，外面敷上一层Gore-Tex，因此结合了前两者的优点	（1）价格较高 （2）前两者的问题都有可能发生
自体软骨	（1）不会产生排斥，感染率低，也不会有位移的危机 （2）术后效果自然 （3）二次以上重修的最好选择	（1）约10%吸收率 （2）有额外伤口 （3）有2%～5%弯曲率 （4）价格昂贵
自体脂肪	安全且维持时间久	很软，无法塑形，一定要有骨架来支撑，用来填鼻头坚挺的效果不佳

我应该选择注射隆鼻还是手术隆鼻？

注射玻尿酸隆鼻

对于简单的增高鼻背高度的修饰，玻尿酸隆鼻即打即走，没有任何恢复期这一优点使其成为求美者的最爱！

1. 正确玻尿酸剂型的选择

由于鼻子塑形后，不会产生宽鼻扩散的问题，所以在剂型的选择上需选择大分子（颗粒型玻尿酸）或是高链接（凝胶型玻尿酸）特性的玻尿酸较为合适！

2. 注射技巧注意

好看的女性鼻形应该有微翘的鼻背弧度，也就是侧面看鼻头是最高点，注射时应该先决定鼻头高度，再决定山根鼻背的高度。

如果鼻梁曲折有节或本身鼻头较为低垂，可采用 5 点美鼻注射术[1]。

———————————————————

① 5 点美鼻注射术是艾尔健药厂于 2016 年提出的。

　　5点美鼻注射术是从鼻子的鼻小柱底部开始，到鼻背、鼻根（鼻山根），采用5点式的分段注射法，在一定的注射顺序下，除了让山根与鼻背高度提高，还会配合鼻头做整体性的立体塑形，让玻尿酸注射隆鼻变得更自然和谐。一般来说，玻尿酸5点美鼻注射会先针对鼻头做出立体感，N1（鼻小柱底部）与N2（鼻小柱）把撑起鼻头的"地基"打好，然后再评估确定N3（山根）与N4、N5（鼻背）的高度。而鼻头红色圈圈的部位，是填充注射的禁区。

5点美鼻注射术

注射晶亮瓷隆鼻

　　晶亮瓷质地相较玻尿酸比较硬一点，更利于塑形，有效期较玻尿酸持久。因为据隆鼻手术医师发现，有的部位疑似会有少量残留，所以有些客户不会选择注射晶亮瓷。

线雕隆鼻

　　线雕隆鼻是利用专用的鼻雕线，塑造出立体的鼻背棱线，延长鼻头，让鼻柱显露，缩窄缩小鼻翼等。线雕隆鼻时，医师操作技术与经验非常关键，因为打哈欠（比较大的）动作会影响线收缩。在初期若有线头排出现象皆属正常，所以术后回诊是非常重要的，千万不可省略！

为什么做了隆鼻手术却没有变美？

原因 1——观念

想要和明星一样拥有高挺美鼻，首先要评估自身条件与期望的差距。

每张脸都是独一无二的，想要追求完美，可以寻求微整微调即可改善，如山根鼻梁的调整可选择不动刀的微整形注射。

而若想要美的不只是山根鼻梁，鼻翼大小、形状与鼻头等都要美，就需要经由专业人士判断是否需要进行隆鼻手术。

另外，许多求美者都会询问："隆鼻"与"鼻整形"，是不一样的吗？从专业上来说，的确不太一样。

"隆鼻"是指"山根垫高"的手术，多半使用"人工骨"或"假体（硅胶或 Gore-Tex 或卡麦拉）"等材料垫高塌陷的山根或鼻梁；而"鼻整形"，则是对整体鼻形的修饰，如鼻孔大、鼻翼宽、鼻头肉厚的修剪、塑形，甚至鼻梁歪斜、鼻中隔偏曲矫正等都包含在鼻整形内。

原因 2——鼻模

与其纠结材质（硅胶或 Gore-Tex），不如先认识好的鼻模形状的重要性（L 形与柳叶形），台湾地区的卡麦拉是一种复合式鼻模材质（用 Gore-Tex 包裹住硅胶），韩国制 Bistool 鼻模有多达 45 种鼻模可选择。

原因 3——结构稳定

不管是从持久的角度还是以能达到自然仿真的标准来看，除了鼻背（增加鼻梁高度）的位置适合放鼻模外，鼻头、鼻尖与鼻柱的重塑最好是用自体软骨来打造。

早期一体成型的一段式隆鼻，采用内开法将鼻模置入，但鼻尖处没有使用耳软骨（Cap）覆盖，非常容易造成假体排斥；或一段时间后，鼻头被假体鼻模顶薄（白鼻心），久了会有穿出的风险!

之后虽然在 L 形鼻模上加了耳软骨形成一个安全的覆盖形状，俗称假二段隆鼻术，但是仍然无法达到自然的鼻形弧度，容易呈现直挺的鼻背模型，所以一个自然仿真的美鼻整形手术包括鼻中柱、鼻尖、鼻孔及鼻翼等部位都需要有完美的角度，这就需要专业且兼具美感的整形医师来操作，不仅熟悉软骨的应用，而且能够克服求诊者自身条件方面的缺陷，所以这也是手术价格有差异的原因之一。

原因4——整体检视

鼻子美了之后，与鼻子周遭相关的部位也需要同步检视。

虽说鼻子是五官之王，拥有令人艳羡的精致立体的美鼻能为个人气质加分不少，但不是鼻子美了整体就会跟着美（除非经过事先评估，已达预期效果），美绝不能单一而论。

在多年的医美咨询工作中，常遇到许多求美者隆鼻后抱怨鼻子太高、太锐。除了隆鼻后前三个月，鼻子还没完全消肿的假性肿胀造成的伪高度外，咨询师可以协助求美者检查三处饱满度及两处的比例。

1. 饱满度检查——以下三处与鼻子高度比例是否和谐

眉心

额头

苹果肌

2. 侧颜比例检查——以下两处比例是否适当延伸，增加立体度

嘴唇

下巴

女王小教室 Queens Classroom

鼻整形术后保养很重要，一定要看！

很多手术都会有并发症，如植体排异与包膜挛缩的产生，除了手术过程当中对各项因素（无菌环境、出血量控制、缝合精细度……）把握之外，术后照顾也十分关键。以下 6 点非常关键，可以让你的美丽更持久！

1. 术后清洁

严禁伤口碰到生水，用棉棒与食盐水清洁伤口非常重要，需频繁且细心，凝结的血块千万不要用手抠除，用棉棒蘸食盐水将血块浸湿后清除。棉棒要转进鼻孔凹缝处，很多人这一步没做好，若用力抠除血块容易影响伤口愈合，若误将里面缝线扯出更糟，若不管血块或清洁不当，容易滋生细菌，造成日后假体包膜产生（在鼻孔内有小突起包膜）。

2. 按时吃药与冰敷的时间及是否冰镇至正确位置

头三天的冰敷与按时吃药非常重要，这两项决定日后消肿的速度。冰敷位置不能压迫鼻梁，敷在鼻侧处即可，每次 15 分钟，一日数次，睡觉时头要垫高。

3. 鼻模 / 胶带的使用与配合

此时的压迫与塑形保护非常重要，很多人会按捺不住而自行解开，造成血肿更麻烦。

4. 引流管的使用

如果鼻腔内的组织液较多，可以利用引流管将血水快速排出，接住组织液的纱布要适时更换，保持干净与通风非常重要，比较严重时要用棉棒吸取管内血水，不要轻易扭动引流管。

5. 保持良好的个人习惯（如吸烟、饮食、戴眼镜等）

吸烟会让小血管复原变慢，最好不要吸烟，避免辛辣刺激的饮食、酒精、虾蟹，不能戴眼镜。

6. 与医院的良好回诊及遵守拆线时间

与医院保持良好互动与信任，晚拆早拆都会影响伤口愈合，拆线后，伤口药膏要持续擦至没有红为止，外开式的疤可以擦抗疤药膏来预防。

1 - 4

[下巴——延伸了 美的角度]

什么样的下巴才是漂亮的下巴？

一般来说，美女的下巴正面看就是构成微 V 的瓜子脸或鹅蛋脸的要素，从侧面看，稍有厚度、微翘，展开笑颜时与脸形衔接是顺畅的。有厚度的下巴可以让人感觉温暖可靠，太单薄的下巴显得苛刻，太短的下巴显得愚钝。因此，想要拥有一个迷人的下巴，在审美上需要多维角度来打造，而非只是加长加翘就好看。

下巴的 5 个类型

长下巴	宽下巴
短下巴	苹果下巴
翘下巴	

东方女性通常适合较秀气圆巧的下巴，太宽平显阳刚，太尖削像锥子，都不算完美；男性则合适宽厚的下巴，侧面看下巴线条越明显，越能展现男性的自信。

女王小教室 Queens Classroom

好看的下巴在美学上需要具备 3 个角度

（1）合适的长度（以三庭比例 1 ∶ 1 ∶ 0.8 为准）。

（2）适当的翘度（鼻尖、嘴唇最高点、下巴若能连成一直线，下巴就没有后缩或过短的问题）。

（3）良好的衔接度。

我需要做下巴吗？

　　一般来说，下巴太短、下巴后缩、想要脸形更柔美的求美者，可以通过注射方式或置放假体的垫下巴手术改善！

　　与医师沟通时，可以手持一张白纸，把白纸放在下巴后面，做出笑与不笑两个表情进行自我检视，对着镜子看能更具体地了解自己下巴的缺陷。

做下巴之前

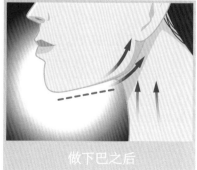

做下巴之后

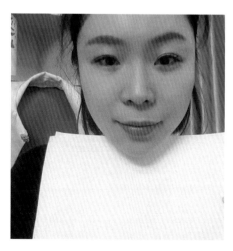

手持白纸，把白纸放在下巴后面进行自我检视

我要垫下巴，微整注射好还是手术好?

　　如果本身下巴的条件不错，只需调整小部分形态，注射填充物是方便、快速的选择；如果后缩严重，下巴骨本身发育不完全，只有通过手术矫正才能妥善改善外形。以下是注射垫下巴与手术垫下巴常见的材料。

下巴填充物比一比

材质	玻尿酸	微晶瓷	自体脂肪
特点	大分子或高链结	较结实，易塑形	自然无异物感
优点	较自然，不喜欢可恢复原来形状	塑形效果佳	操作容易，不易产生排斥
缺点	需重复注射	失败无法重打	无法塑形
效果	自然圆润的下巴	可尖可圆的下巴	圆下巴

Q4

我想打下巴，但看到好多人都打得好假，为什么会这样？

A

疑惑 1：只打一点点，应该比较自然？

其实下巴是个多维度的审美，有正面、侧面，还有仰角，每个角度都需要考虑到，注射后才会自然，如果只是注射下巴的位置（C2），经常会出现人工下巴的窘态，在大笑的时候，反而让下巴尖与脸衔接的两边凹进去，显得突兀!

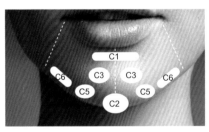
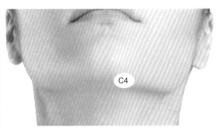

♛ 女王小提醒

多角度考虑注射点与量

剂量不是少就自然，而是多角度考虑注射点与量，才会有"真实美"。2013 年，曾有注射医师提出 6 点精雕下巴说法，改善了在下巴注射的盲点。

疑惑 2：为什么我的下巴注射后，不笑时看起来还好，笑时侧面看有二层的感觉？

当假体与注射下巴的长度与翘度越大时，衔接度与厚度就更加重要，所谓厚度指的就是口角下注射，不但可以提升嘴角，还能让我们在大笑时不会因显得单薄而发假，一般在表情运动牵拉处，与假体衔接有空缺的地方，选择适高 G 值（高黏弹性）的玻尿酸较具自然仿真的效果。

颏肌位置

👑 女王小提醒

选对注射剂型很重要，假体与微整联合治疗才是王道。

用假体做下巴会不会不自然？

用假体做下巴，很多人怕不自然，为了得到自然仿真的下巴，我们在假体的选择上，宁可小不要大，其他连接脸的部分可用玻尿酸或脂肪填充。当然，工具是死的，实施手术的医师才是最重要的！

医师对审美的观察，对细节的把握，还有经验值是最关键的！此外，博思温馨提醒，垫下巴时要注意自己下巴肌肉是否过度紧张（在发 U 音时自我检查下巴肌肉是否揪成一团），尤其打玻尿酸时，因为注射容易移位，因此下巴颏肌需要放松，最好配合注射肉毒杆菌毒素来做，使假体不会因为肌肉推挤而移位（尤其是硅胶）！

还有，告诉大家一个小秘密，当下巴颏肌打了 Botox（肉毒杆菌毒素）后，约 1 周后会发现下巴偷偷变长 0.2 mm 哦。

女王小教室 Queens Classroom

手术垫下巴，假体使用材质比一比

材质	硅胶	人工骨	卡麦拉
特点	最早广泛使用的材质	较坚硬	新型复合式材质
优点	费用较低，日后取出容易	不怕碰触，不会挛缩歪斜，不会在交界处有凹痕	有气孔帮助下巴组织黏液，因此不会产生位移、歪斜
缺点	较易产生包膜或位移	不容易雕刻塑形，要打钢钉，恢复期长	价钱较高，不易位移也代表不易取出，如术后不满意较难取出
效果	依模型挑选 S、M、L 形	较宽大	依模型挑选 S、M、L 形

1-5

美眉——决定
好感度的关键

Q1

眉毛审美，好眉 8 要素你具备几个?

A

　　眉毛与眉形是五官整体加分要素，好的眉形能带给人好的印象，能令人增加好感度。根据许多人相学的资料，好的眉形除了让人舒服、顺眼之外，其实还透露着与性格的相关信息，也会成为颜值加分的关键。因此，千万不要只重视你的灵魂之窗，搭配的眉形也会影响五官的整体比例与平衡。根据多年的医美咨询经验，眉形也是决定脸形整体好感度的关键之一，好的眉形具备 8 大要素。

1. 两眉之间的距离

面相学上称为印堂的距离，约为两指宽，并且没有杂毛。

2. 眉眼之间的距离

眉眼之间距离不可太近，否则会造成眉压眼的印象，眉眼间保持约 1 cm 距离为佳。

3. 眉毛平衡丰盈

眉头眉尾无散开，保持平衡丰盈。

4. 眉毛顺毛成长

顺毛生不杂乱，性格好，有想法，好相处。

5. 眉毛乌黑发亮

色泽光亮代表一个人的气血循环好，身体健康。

6. 眉尾超过眼睛

至少要与眼尾齐长或过眼尾。

7. 眉毛上扬

从眉头 2/3 上扬后再略略弯下为好。

8. 眉毛根根分明

根根分明的眉毛，代表着面相学上的"清"，如果眉毛柔软整齐则为"秀"，此眉相较具人缘。

女王小教室 Queens Classroom

眉眼之间距离太窄该怎么办？

眉毛眼睛中间的距离过窄，会显得压抑、凶相，除了做提眉手术之外，还可用微整美容改善，如调整眉毛高度，可注射玻尿酸，适当提高眉毛高度。

眉毛稀疏怎么办?

眉毛稀疏的解决方法不难，大概有下面三种方式:

1. 漂眉

和阿嬷时期的那种会褪色的文眉不同，新的漂眉技术工具和色料都有十足进步，漂眉后就像天生的眉毛一样自然。

2. 药物育毛（俗称：孕眉术）

在毛囊还没坏死的情况下，使用育眉液给予活化滋养，让眉毛顺利代谢生长。

3. 植毛

眉毛种植与植发类似，也是将后枕部的健康毛囊移植到眉毛部位，然后长出自然、浓密的新眉毛。由于后枕部的毛囊具有先天不掉落的特性，所以移植过来的眉毛也是永久性的，但这需要经常修整长度。

Q3

眉骨太凸怎么办？

A

　　一般而言，东方女性大多眼窝脂肪垫较厚，加上眉骨太凸，会显得过度男性化。这时不妨使用玻尿酸或者童颜针，修复眉骨上（眉弓上缘）的凹陷，就可让眉眼处恢复柔美。

1-6

[美齿——迷人的微笑
为个人形象加分]

牙齿美白怎么做？

　　牙齿黄除了天生条件的因素外，饮食习惯如喝茶、喝咖啡，也会在牙齿上留下色素，这些色素日积月累，会吸附在牙齿上细菌分泌的黏性物质上，让牙齿变黄甚至变黑。另一种情况是儿时曾服用四环素造成四环素牙，以及长期饮用高含氟水形成的氟斑牙。

　　目前牙齿美白大致可分为医疗美白和化妆美白，医疗美白包括：烤瓷牙、冷光美白、贴面美白；化妆美白是使用牙用化妆品涂刷牙齿，遮盖牙齿本色，让牙齿洁白，牙齿漂白就是属于化妆美白的一种。

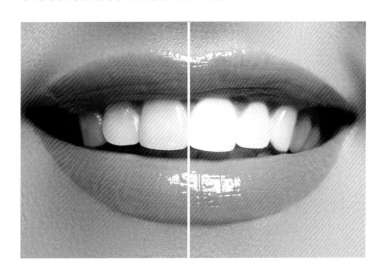

 Q2

哪一种牙齿美白方式适合我？

 A

我们分别就各种方式的优缺点进行分析，求美者可自行选择适合自己的方式。

★烤瓷牙

适合有缺损牙齿的求美者，这是较好的美容修复方法，也是目前密合度最好、颜色最接近自然的修复体。

优点：美白效果十分明显，要多白都可以，且效果比较持久。

缺点：烤瓷牙要先把牙齿磨小成棒状，会对牙齿造成破坏，过一段时间后有些人会出现牙龈炎、牙周炎、牙龈萎缩的后遗症。

★冷光美白

冷光美白是号称快速又安全的美白方式。安全是因为低温冷光可以避免对牙神经的刺激。快速则是因为只要在牙龈表面涂上一层保护剂，然后在牙面涂美白剂，再用冷光美白灯照射 8 ~ 10 分钟，这个过程反复 3 次，全程只需 30 ~ 40 分钟即可完成。

优点：冷光美白可将效果提高 5 ~ 14 个色阶，低温冷光可以避免对牙神经的刺激，对牙齿结构完全不会造成伤害。

缺点：冷光美白是用漂白药物来美白牙齿，操作过程中牙齿会有酸痛感，做完后可能会出现对冷热反应过敏的情形，甚至可能使牙齿脆化。

★贴面美白

贴面美白是在牙齿表面贴一层贴面，目前贴面可分为瓷贴面和树脂贴面两种。树脂贴面，先磨去部分牙齿后在表面贴上树脂，保持牙齿原本的形状；而瓷贴面则结合树脂贴面和烤瓷牙的优点，将与牙齿珐琅质材质相近的美白贴片切割成与牙齿密合的形状，以活性界面材质将贴片紧密镶嵌在牙齿上。

优点：烤瓷贴面与真牙几乎无差别，对治疗牙体缺损、牙列缺失、四环素牙、药物性变色及遗传性黄牙十分有效。

缺点：易脱落变色，容易引起牙龈肿胀及出血发炎等后遗症，且价格不菲。

★牙齿漂白

牙齿漂白是将药液挤在牙托上，每晚带着牙托入睡，漂白分为内、外两种。外漂白术适用于中度无缺损的氟牙症和四环素牙的脱色治疗，3～5周就会有不错的效果；内漂白术主要用于前牙变色或严重四环素变色牙的修复，先做根管治疗，再将蘸有30%过氧化氢的棉球塞入，2～3天换一次药，换4～7次会有不错的效果，但此法对牙齿损伤很大。

优点：价格相对便宜。

缺点：只能表层美白，不耐久，容易引起牙齿敏感，对颜色较重的四环素牙、氟斑牙等效果较差。

★洗牙

洗牙是用超声洁牙机和喷砂洁牙机去除牙齿表面的菌斑，洗去牙齿表面的结石和钙化的污垢。

优点：也可维持牙周健康。

缺点：只是表面露白，不是增白，且有些人会在洗牙后产生牙齿对冷热敏感的酸软现象。

为什么需要牙龈重建？我的牙龈需要重建吗？

牙龈萎缩，对牙齿美观有极大的影响。

牙龈重建手术就是通过角质化牙龈的移植，来增加角质化牙龈的厚度和高度。目前治疗牙龈萎缩的材料有两大类，第一类是人工牙龈组织移植，第二类是取自患者上颚口腔内部较厚的角质化牙龈。

传统的牙龈重建手术，必须将牙龈切开来移植，伤口较大，耗时长，而让人为之却步；现在则大多使用"隧道式移植法"，也就是取一块角质化牙龈直接穿过邻牙的牙龈贴到患部，治疗时间较短且伤口也较小。要注意的是，一般人在术后约一年，移植过后的牙龈会消失一点，不过消失的速度因人而异，视平日是否做好完善护理而定。

如何护理牙龈呢？除了平日正常的刷牙外，在牙龈部分还要使用牙线或者牙间刷，做到彻底清洁；若牙齿咬合不全，也要尽早做矫正，才能有效预防及改善牙龈萎缩的症状。

乱牙不好看，缺牙更遗憾?

　　光有高分的外貌，一张嘴却一口乱牙或有缺牙，实在让人不敢恭维。乱牙必须矫正，而缺牙的处理方式，可用植牙或矫正的方式来处理。两种方式各有优缺点，还是要让医生评估后再决定。

牙齿矫正

　　优点是不会有任何人工物质，缺点是需要长时间保持矫正的状态，需要每个月到诊调整矫正线。

　　另外，因缺牙而矫正完的牙齿刚开始会有些松动，这是因为刚矫正完的时候，牙齿经过移动而不太稳固，不过不需要太过担心，因为牙根会慢慢和周围的骨头重新结合起来，让牙齿固定下来。

植牙

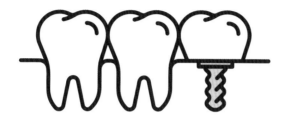

　　和传统假牙比起来，植牙不需做 1 颗拔 3 颗，而是在当颗缺牙的位置装上植体，替代原先牙齿的牙根，再装上假牙；而假牙则是直接将假牙套在真牙的牙根上，植牙看起来和真牙无异，且使用时间久，缺点是价格十分昂贵。

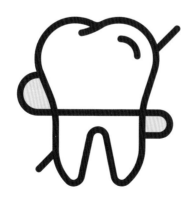

牙齿美白是否越白越伤牙齿？

　　一般美容剂分成专业用及家用，专业用须经医师操作，而家用剂量浓度低，效果有限，若想长期使用，需由医师指导才可。若是过度使用美白剂，可能会伤害牙齿结构，让牙齿变得敏感，或让牙龈萎缩，造成牙根外露或牙齿敏感的情形。另外，补过牙或有牙周病的求美者须经医师评估使用，防止药剂渗进填补过的牙齿，导致牙神经受损。

　　另外，提醒想美白牙齿的求美者，除了咨询牙医之外，也要评估自己的饮食、生活习惯能不能配合，需改掉常喝酒、咖啡、浓茶、可乐等含色素饮料的习惯，不然很快又会染上色。

1-7

[美唇——唇形、唇色、]
唇线的性感心机

诱人双唇该如何打造?

覆盖唇上的皮肤因为较薄，使得嘴唇外观偏红色或粉红色，当嘴唇较干燥时，外观的颜色会较淡，然而唇纹相对也会变得更为明显。虽说丰厚的双唇吸引人，但嘴唇可不是越厚越好看! 美丽的嘴唇是有其比例的。

一般来说，鼻柱与人中之间的倾斜角度，女性为 100° ~ 110°，男性为 90° ~ 95°；上唇：下唇等于 2：3 才是完美比例，宽度约是在两眼平视前方的瞳孔延伸下来的直线上，唇线要明显，才会显得更有精神、更亮眼。

女王小教室 Queens Classroom

完美的唇形，其实是这样的！

所谓好看的唇形其实应该具备以下条件：

立体的唇形	★上扬的唇形为佳 ★上唇——犹如爱神丘比特的弓（弓形） ★下唇——能呈现出微笑曲线
适当的唇肉	★上唇：下唇 =2：3
合衬的唇色	★整体能提亮肤色 ★健康红润的唇色
比例	★两侧鼻翼宽度：两侧嘴角宽度 =1：1.618 ★唇占脸的比例，看起来顺眼、平衡 （1）唇形上下的比例，两唇之间到下巴窝：下巴窝到下巴 =1：2 （2）两唇之间到鼻小柱：两唇之间到下巴 =1：1.5～2

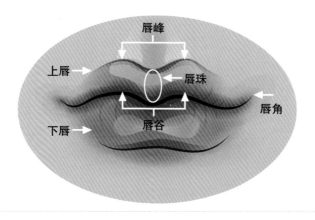

嘴唇太单薄怎么挽救？

唇形太单薄可以选择直接注射玻尿酸，或少量填充自体脂肪，让嘴唇丰厚。

填补少量的自体脂肪时，必须等待脂肪稳定后再以中小分子玻尿酸或凝胶剂型玻尿酸塑形，将唇形线、上唇珠、下唇峰、唇角等打造出如同一个漂亮的珠宝盒扣起来一般的形状，既有质感，又显得性感。

丰唇时的填充不适用分子结构太大的剂型，否则不只少了柔软度，也有可能会感觉到微颗粒感。

♛ 女王小提醒

想要嘟嘟唇，玻尿酸的选择很重要！

最完美的唇形是三点花蕊状，选择玻尿酸注射时切勿打太硬，不仅会显得不自然，且触感也不好，整体的真实感不够，会使人觉得整张脸假假的。

唇形线不明显怎么办？

　　可使用中小分子玻尿酸或凝胶剂型玻尿酸填充，同时修饰唇缘的线条，顺势注射在想要塑形的上唇形线或下唇形线上，将唇形线的形状修饰出来。再以文绣唇色的方式，让嘴唇不只性感，更加粉嫩。

　　想要唇线明显立体的人，必须注意的是唇形线、上唇珠、下唇峰三个点的注射，不建议丰唇后再修边，除非求美者喜欢丰厚的唇形，否则一不小心就会形成热狗般的嘟嘟唇。

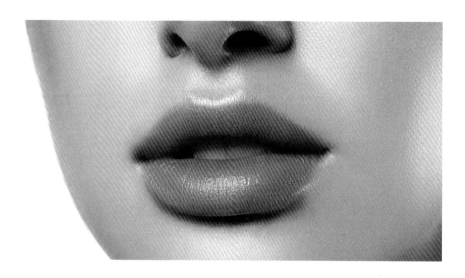

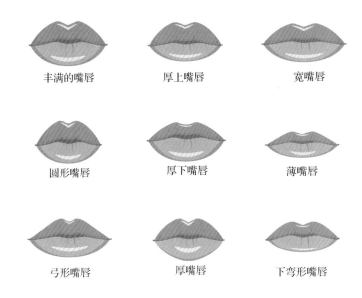

丰满的嘴唇　　　厚上嘴唇　　　宽嘴唇

圆形嘴唇　　　厚下嘴唇　　　薄嘴唇

弓形嘴唇　　　厚嘴唇　　　下弯形嘴唇

Q4

唇色太暗或唇纹太深能改善吗？

A

　　玻尿酸注射唇形，不单单可以填充塑形，更能平滑唇纹及同时淡化色沉。通常唇色暗沉或唇纹太深的求美者，不外乎肌肤缺水及抽烟者居多。

　　针对肌肤缺水的求美者，必须多补充身体的水分，如多喝水、敷面膜、打水光针等，不过人体肌肤是亲脂性，因此敷面膜后必须擦适量的面霜，唇部则是要搭配唇蜜或护唇膏等保养。在水分补充到位后，可先用激光治疗淡化唇色，再使用中小分子玻尿酸或凝胶剂型玻尿酸填充塑形，不但可以让唇色变亮，而且能抚平唇纹，使人看上去会更青春亮眼。

嘴唇周围有口周纹，该怎么让它消失？

　　嘴唇周围会因年龄增长、胶原蛋白的流失及严重缺水，出现口周纹（即以嘴唇为中心，往上下嘴唇边缘明显出现放射状的纹路）。针对想要自然效果的求美者，可以注射玻尿酸或胶原蛋白等填充后，再以水光针搭配 PRP 加微量肉毒杆菌毒素做多次治疗，即可看到明显的改善。

　　最完整的治疗方式及针对较要求完美的求美者，可以先用"Thermage"电波拉皮及"Ulthera"极线音波拉皮做全面部治疗，再以电波拉皮加强在嘴唇周围，后续注射玻尿酸或胶原蛋白等填补，搭配水光针加 PRP 的治疗。

　　如此，可以看到有非常明显的改善效果，若治疗过程中能搭配口服的胶原蛋白（分子量为 3000 ~ 6000 道尔顿最佳），做好完整的补水保湿工作，还能让疗程的支撑时间延长又可省钱。

　　在这里要特别提醒的是，口周纹的治疗若需搭配口角周围注射肉毒杆菌毒素时，必须掌握求美者的年龄及皮肤组织的状态，否则容易使求美者在饮食过程中发生口角闭合方面的问题。

Q6

嘴角下垂，而且有深深的木偶纹，有办法改善吗？

A

嘴角下垂又有木偶纹，通常出现在年长、皮肤及皮下组织弹性疲乏、骨质疏松者身上。在脸部设计规划时必须有盖房子的概念，要先用钢筋搭建架构，再灌水泥，必须先把面部的架构架起再来填充，才能打造出年轻、自然、立体的五官。

此类求美者面临的是松垮、下垂以及凹陷。针对松垮，先以极线音波拉皮及电波拉皮治疗后，再以埋线提拉全脸（埋蛋白质线材，粗线做提拉，细线做网状架构，可改善法令纹、鱼尾纹、嘴角纹等），后续注射玻尿酸或胶原蛋白等填补。

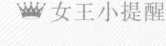

女王小提醒

皮肤严重下垂者，不适合非手术类埋蛋白质线材

若皮肤严重下垂时，不适合非手术类埋蛋白质线材，必须通过外科手术拉皮后，再进行电波拉皮及注射玻尿酸或胶原蛋白等填补。

Q7

人中太长或太短怎么处理?

A

　　人中的线条塑形通过注射玻尿酸,就可以达到很好的效果。针对过长或过短的处理,必须评估整个面部比例,过长可通过外科手术缩减,过短可增加线条的立体感。不过,人中的塑形不建议用自体脂肪填充的方式。

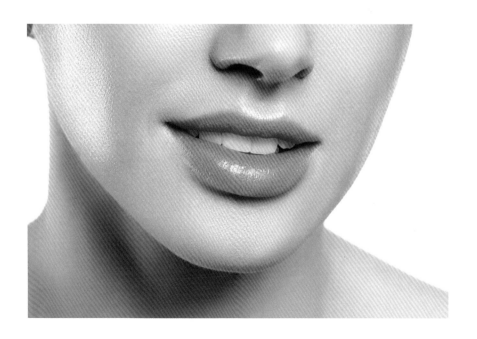

微笑时会露出牙龈，和嘴唇有没有关系？怎么处理？

非手术处理

笑肌是微笑时所用到的肌肉，包含笑肌、口角提肌、口角降肌等。位于嘴巴的上缘两侧各有一块肌肉，在微笑或大笑时能使嘴唇张开，另有两块肌肉可让嘴角肌肉运动

嘴唇的两个外缘各有一块口角提肌，可使嘴角翘起。脸颊两侧各有一块口角降肌，可使嘴角下垂

若笑的时候笑肌及口角提肌过度上提，出现牙龈外露现象，只需注射微量的肉毒杆菌毒素，就可以有明显的改善效果。若上唇较单薄，则必须配合丰唇，合并注射玻尿酸治疗效果才会更理想

手术处理

在牙科的定义上，脸部的微笑曲线是：左上颌犬齿至右上颌犬齿的弧度与下唇的弧度一致，早期的医疗技术会使用齿颚矫正手法，最新的牙科技术则利用骨钉方式治疗矫正，利用骨钉这个绝对性锚定（Absolute Anchorage）方法，才可能在垂直方向移动牙齿位置，进而建立微笑曲线

而利用差异性的牙齿上压（Differential Maxillary Intrusion），才可能创造出完美的唇部微笑线，所以牙齿上压必须针对每颗牙齿做不同程度的治疗，而不是一味地上压

Q9

嘴唇有先天性缺陷，求美者怎样进行修复？

A

兔宝宝唇

针对先天性兔宝宝唇，因为有疤痕组织的产生，所以要先行评估轻重程度。症状轻微时可先用激光淡化唇色，再以玻尿酸填补，必要时可搭配文绣把唇色表现出来，让唇形更为自然。

症状较明显严重时，必须与医生讨论，是否必须先进行修疤再以激光淡化唇色，后以玻尿酸填补，加文唇色。但必须提醒的是，症状及外在的美观度是可以有效改善的，但疤痕的修复以现今医学的手法还无法达到完全看不出来的程度。

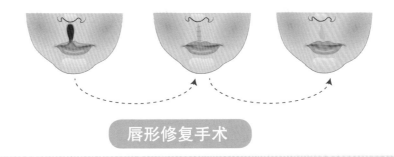

唇形修复手术

上唇或下唇过厚时

必须通过外科缩唇手术，从口腔内将多余的组织稍微变薄处理后，再依照唇形的条件给予后续的设计规划。

虽然口腔内的黏膜可以让口腔内部组织修复较快，但相对也较容易使手术处感染。故手术后 5 ～ 7 天必须以流质食物为主，餐后必须将口内的残渣等清理干净，再以温和的漱口水漱口，确保口内是干净的，以降低感染的风险。

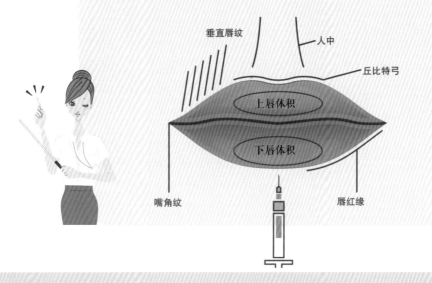

👑 女王小提醒

怎么做可以让玻尿酸注射效果更完美！

　　嘴唇注射玻尿酸的最大优势，是可以随时打造出符合当下最流行的性感唇形。术后一周内必须注意的是：应尽量避免食用太烫的食物，以使注射效果保持得更完美。

垂直唇纹　　　　人中

丘比特弓

上唇体积

下唇体积

嘴角纹　　　　　　　唇红缘

Chapter 2

松凹垮垂，
抢救肌龄大作战

2-1

松凹垮垂，时间是女人的大敌

第1阶段：松

这是老化的第一阶段，也就是所谓的初老。肌肤的真皮层中有胶原蛋白和弹力纤维蛋白两种蛋白，它们支撑起了皮肤，使其饱满紧致。25岁后这两种蛋白开始逐渐减少，令皮肤逐渐失去弹性，变得松弛。

皮肤松了好焦虑！该如何正确判定进入皮肤松弛期？

每天洗脸可轻推皮肤做测试，有弹性的皮肤不容易推移，而且推移时不容易产生皱褶，手指头下压皮肤会弹起，放开后皮肤复位快速；反之，开始松弛的皮肤弹性变差，尤其是做表情时，会发现表情肌挤压的位置渐渐留下可见的皱纹。

怎样对抗初老的皮肤松弛？

消极处理方式——擦保养品

市面上许多保养品打着抗老的旗帜，事实上功效有限。由于皮肤是一个保护屏障，所以保养品无法穿过表皮达到皮下层，大部分只是让皮肤达到保湿润泽的效果而已，只能让皮肤角质层看起来透亮不粗糙，这一阶段其实防晒隔离就是最好的保养。

积极处理方式——仪器拉皮（电波拉皮＋极线音波拉皮）

极线音波拉皮的原理，是筋膜层因热收缩拉紧，有点像烘干机烘干后紧缩的感觉，皮肤拉紧后，松弛自然跟着改善。单次的音波拉皮即可有效达到全脸拉提紧实的效果，并且可以和讨厌的双下巴说拜拜。一次音波拉皮的效果可以维持一年半到两年。

在台湾地区，电波拉皮的地位并没有受到音波拉皮影响。专业的皮肤科医生发现，电波与音波仪器侧重的治疗层面与范围有不一样的地方，刚好能补足各自的不足，在此我们帮大家做个整理。

治疗方式	电波拉皮	音波拉皮
治疗重点	属于手术后刺激胶原蛋白增生产生的紧致度与抗皱效果，进而在视觉上有"提拉"感	属于深度收缩、深拉，如果希望脸部整体轮廓紧实，下半脸（下巴、下颌线）及脖子线条明显可使用
治疗面积	属于扩散式治疗，有效范围较大	属于针对性强、层次多、点状性治疗

强效处理方式——蛋白线种植

PPDO 平滑线种植，刺激胶原蛋白增生，针对局部特别需要紧致的部位，让弹力纤维紧实起来，让皮肤捏起来紧实有弹性。每次种植效果维持约半年，会刺激周围的胶原蛋白增生，虽然半年后埋的线体会慢慢分解消失，但刺激生成的自体胶原还在，因此可以达到浅层回春的效果。若是肌肤太过松弛则不适用此方式。

第2阶段：凹

松的下一步就是凹。年轻的紧实肌肤，因年纪大而慢慢开始松弛，松弛后就会产生位移，一位移就产生空洞，加上胶原蛋白流失及地心引力，皮肤就会开始出现凹的状况。

如何判断自己进入凹的阶段？

从松弛到凹陷，皮肤老化又往前迈了一步。太阳穴、上眼窝、眉弓上缘开始出现凹陷，泪沟、鼻唇沟（法令纹）、木偶纹都慢慢出现，整个脸颊也开始出现凹陷，这些就是进入老化第二阶段的现象。

如何对抗开始凹陷的皮肤？

消极处理方式——吃胶原蛋白

吃胶原蛋白有效吗？真的能对抗老化吗？据了解，胶原蛋白是人体本身就可自行合成的物质，且口服的胶原蛋白食品，经过消化后会变成小分子的氨基酸，虽能产生效果，但效果着实有限。

积极处理方式——填充微整注射

对抗凹陷的微整注射，可注射玻尿酸，将凹陷的地方，如太阳穴、上眼窝（眉弓上缘）、苹果肌三个地方填充起来，改善脸上的木偶纹及法令纹。

注射玻尿酸，可填补肌肤流失的组织，具有抚平细纹、填补凹陷的作用，使得外貌看起来年轻有精神，同时，对先天不足的脸形轮廓也可以进行微调，以达到完美脸形比例。

希望精细修饰的女性，我们十分推荐注射玻尿酸，但如何挑选合适的剂型、对应适合的部位，需要听取审美与注射专业方面专家的建议，才能真正达到理想的效果。

强效处理方式——自体脂肪注射

通过抽取身上多余的脂肪组织，如腹部、侧腰、臀部、大腿等部位的脂肪，经过纯化后以"少量多次"的注射方式，填充脸部苹果肌或其他凹陷部位，可达到填充效果。相较于玻尿酸注射，自体脂肪填充的优点是：效果可永久维持，无须定期补打。

优点同时也是缺点，随着年龄增长，当脂肪又开始老化（萎缩或下垂）时，还需再借助其他回春手段进行调整！另外，针对皮肤薄的地方，十分考验医师的注射技术：若补太多，怕脂肪挤压影响存活率，小地方有凹凸；补太少又怕量不足，需多次填补。建议还是咨询专家后选择合适自己的方案。

第3阶段：垮

在地心引力的作用下，随着胶原蛋白渐渐流失，皮肤凹陷之后开始出现垮的情形，不只胶原蛋白，就连骨骼中的钙也开始流失。

如何判断自己进入垮的阶段？

其实很多人分不太清楚"垮"和"垂"的差别，所谓垮，指的是凹陷之后轮廓渐渐开始模糊的模样，整体不再上扬的感觉。

怎么解救松垮的皮肤？

消极处理方式——吃钙片、喝牛奶

当发现自己体形渐渐走样，连骨骼中的钙都开始流失，不少人开始补钙，不过光靠补钙，已经无法挽救大量流失的钙和胶原蛋白了。

积极处理方式——深层注射

包括注射童颜针（聚左旋乳酸）和玻尿酸，不过对抗垮并非填充，而是"支撑"，因此填充物要选择有延展度及弹性或高黏性的。

（1）童颜针：童颜针的原理是利用 3D 聚左旋乳酸来刺激自体的胶原蛋白增生，不会像其他填充物如玻尿酸一样立即有效果，治疗后必须经过身体的吸收再刺激才能见到改善效果，通常需要 1 ~ 2 个月的时间，整体的治疗效果在注射后 6 个月左右会达到高峰。

（2）玻尿酸：玻尿酸种类不少，其中某些高黏性或大分子的玻尿酸，可用于脸部轮廓修饰，以及脸部大面积凹陷的填充。

强效处理方式——手术植入硅胶片

将硅胶片植入凹陷皮肤处的下方，由下往上直接撑起，让肌肤因此产生延展张力，达到抚平纹路的效果。目前有额头、太阳穴、鼻沟槽的硅胶片，但毕竟是假体，在边缘注射适当的玻尿酸过渡衔接，会让视觉更仿真。

第 4 阶段：垂

这个阶段的老化已经十分明显，肉眼就可看得出来。这个阶段，只有用激烈的手段才能够挽救。

如何判断自己是否已进入垂的阶段？

老化的最后一个阶段，整个上眼皮往下垂，眼袋十分明显，脸颊也出现下垂的两块嘴边肉，犹如一只松狮犬，一看就知道已经上了年纪。

如何解救皮垂，恢复 Q 弹肌？

A

基本上，这个阶段的补救方式，是要把多余的去除，也就是"去皮""去脂"，并把下垂的拉提起来。

消极处理方式——导入提拉保养品

所有保养品中，价格最高的就属抗老产品，顶级抗老保养品总是强调自己有提拉的效果，然而保养品的效果其实有限。

积极处理方式——种蛋白线埋线拉提

埋有倒钩的粗线，把下垂组织抓住并拉提起来。

强效处理方式——拉皮手术

上半脸的五爪拉皮、下半脸的八爪拉皮，除了需要移除多余的皮肤外，老化多余的脂肪也需要一起调整，肌肉与脂肪中间的筋膜层也需一层一层地收紧调整，是一个需要较长恢复期的手术治疗，是解决老化的有效手段。手术后需搭配适当的微整，如肉毒杆菌毒素抗皱与玻尿酸做精细的修饰。

老化犹如滑滑梯，抗老就像爬楼梯，对于抗老，预防永远比治疗更重要！当已经出现老化症状，求美者可对照抗老检测法的描述来判断自己属于老化的哪个阶段，再通过咨询专家来决定做什么样的治疗，让自己找回青春，挽回颜值分数！

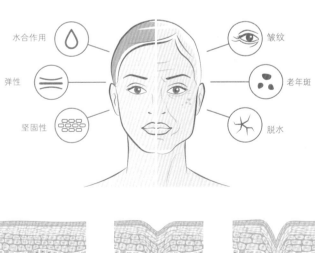

35 岁

45 岁

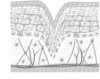

55 岁

2 - 2

[关于"抗加龄", 你可以马上做的事]

我要打玻尿酸或填脂肪吗？

　　脸部太过凹，不仅显老，还让女人味尽失，看起来苦又衰，尤其当流失到底，脸部骨骼明显露出时，更容易显现不容易靠近的凶恶相，尤其原本颧高嘴凸的女生，要特别注意脸部饱满度的维持。

　　显老的三八纹、泪沟、法令纹、木偶纹，是目前求诊率最高的问题。现代女性工作、家庭两头忙，过度操劳容易未老先衰。想让颜值重回童龄感，可以选择注射玻尿酸或自体脂肪填充，至于哪个好，则必须看个人条件，依部位与精致度的期待值而定。

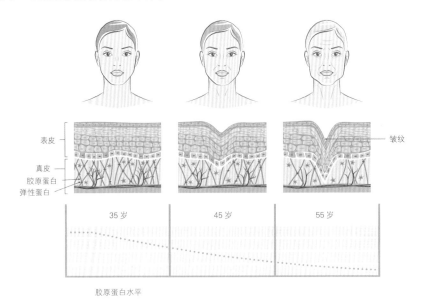

注射玻尿酸与自体脂肪比一比

材质	玻尿酸	自体脂肪
适合部位	额头、面颊、鼻子、下巴、泪沟、太阳穴、法令纹、木偶纹（脸部几乎都可使用玻尿酸）	额头、脸颊、太阳穴、苹果肌（适量）
特性	注射玻尿酸后，皮肤弹性会改善	自体脂肪填补后皱纹能减少（脂肪里面有微量脂肪干细胞）
优点	不用开刀，恢复期短，细部位置能精准掌握	效果持久，大面积凹陷填补预算较为经济
缺点	8 ~ 12 月就得补量注射	有肿胀期，恢复时间较长，量的大小不能做到非常精准的控制

👑 女王小提醒

使用自体脂肪作为填充剂的注意事项！

使用脂肪大量填充凹陷是一项较为经济的选择，但有几点需注意。

（1）脂肪老化的表现是萎缩与下垂，由于面颊中部是没有骨骼支撑的位置，所以泪沟与苹果肌建议使用玻尿酸来改善。

（2）脂肪质地较软，需要塑形的位置（如鼻子、下巴）不建议使用。

我适合什么样的拉提法？是音波拉皮，还是埋线拉提？

为了与地心引力对抗，和岁月争取时间，让人恢复年轻，逆龄保养术琳琅满目，究竟哪一项适合自己呢？

极线音波拉皮

极线音波拉皮是通过热凝结点作用在 SMAS 筋膜层，让筋膜收缩，以非侵入式的方法进行深层治疗，对太松弛的脂肪垫作用不强。如果皮肤松、嘴角下垂，做极线音波拉皮，可有效拉提眉、下脸轮廓线和颈部的肌肤，提升皮肤的光泽度和弹性。

极线音波拉皮的另一个优点，在于作用深度及温度可灵活控制，可针对各种年龄层的肌龄问题，以不同深度的机器探头进行个人化治疗，解决不同求美者的困扰。

电波拉皮

电波拉皮是运用每秒震动约 600 万次的高频电波，在真皮下层及皮下组织中深层加热，促使胶原纤维立即收缩重组，并制造新的胶原蛋白，达到 3D 立体式的紧实肌肤，减少脸部纹路（因为胶原蛋白增生）及脸形雕塑（轻微减脂）的效果，使求美者无须进行传统拉皮手术，也能恢复紧实肌肤。

埋线拉提

埋线拉提是将人体可吸收的线体，由医师埋入皮肤下层，把松弛的肌肤组织集中拉提起来，效果依不同的线体和埋线的数量而有所不同。皮肤垂的话就用线雕拉提，蛋白质线也会让肤色变亮。如果组织较厚，皮肤又松又垂，可使用极线音波拉皮加上线雕搭配着做。

跟电波拉皮、极线音波等光疗拉提不同的是，埋线拉提在治疗完就能看到部分效果，在 1 周后便能体验到拉提的紧致感受。

埋线拉提较适用于初熟龄肌，也就是所谓的"初老"，不仅能减少脸部老化，还能提拉制造 V 脸效果，但对于过度松弛的老化效果不佳（需要联合其他方案治疗，如面部太凹陷者）。所用的线一般分为"粗长线"与"细短线"两大类，拉法有深拉组织垫（筋膜层下）与浅层拉（筋膜层上），拉的方向与布线方式和医师的审美及是否熟悉解剖有关。因为无创伤口小、恢复期短，市场很热，不能只看价格就冲动去做。

值得注意的是，如果是要改善皮肤松弛，可以使用极线音波拉皮或电波拉皮，但若是要改善下垂，恐怕使用极线音波拉皮或电波拉皮就得不到真正想要的效果。解决下垂较有效的方式，是采取传统拉皮手术或是埋线拉提。

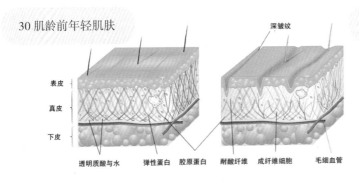

30 肌龄前年轻肌肤 　　　深皱纹 　　　30 肌龄后老化肌肤

表皮　真皮　下皮

透明质酸与水　弹性蛋白　胶原蛋白　耐酸纤维　成纤维细胞　毛细血管

紧致拉提手术比一比

手术名称	传统拉皮手术	极线音波拉皮	电波拉皮	埋线拉提
适用对象	有明显深纹路，皮肤极度松弛者	皮肤松弛迹象（法令纹、双下巴），眼皮松弛老化，脸部皱纹（眼周细纹），有颈纹、颈部老化者	有老化纹路，眼睑松弛，颈部出现皱纹及松弛者	初老有法令纹及鱼尾纹，双颊下垂缺乏弹力者
恢复时间	3～6个月	3～5天	3～5天	5～7天
效果停留	5～8年	1～2年	约2年	1～1.5年

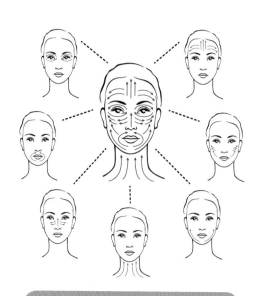

脸部肤松弛示意图

法令纹让我像老了 10 岁，怎么解决？

　　法令纹指鼻翼至嘴角两旁的纹路。法令纹并非老年人的专利，许多年轻人因为丰富的表情动作或脸部的过度活动，肌肤常受拉扯，纹路就会变深，产生细纹后形成法令纹。

　　随着年龄增长，胶原蛋白流失，皮肤的老化，再加上地心引力作用，即使面无表情，法令纹仍会出现。这时法令纹已由动态纹转为静态纹，并随着年龄增长而逐渐拉长加深。

　　法令纹给人严肃及老态的感觉，就连上妆时也容易卡粉，让爱美女性困扰不已。不过消灭法令纹之前，要先知道法令纹的形成原因及种类，才能"对症下药"。

凹陷型法令纹

　　若本身脸部皮肤弹性不差，但仰躺后纹路依旧存在，或是往外上方轻拉脸皮，依旧可以见到凹陷的法令纹，就属于这种类型。在颧骨高、有龅牙及上颌骨外凸的人身上较常见。此种类型的法令纹，往往注射玻尿酸填充就能有所改善。

肌肉型法令纹

因肌肉过度发达而造成，这类人多半合并木偶纹，大多出现在先天肌肉强紧，或是后天过分使用肌肉的人身上，而且还分为上中下段。

上段是提上唇鼻翼肌造成的，如鼻子过敏、眼睛有病的人，因为需要用力呼吸或眨眼，容易让这段纹路变深，许多人年纪轻轻就有法令纹，大多是这个缘故。

中段是提上唇肌所造成的，一些长期需要保持微笑脸的行业，常常可以见到这样的纹路；下段则是压唇肌造成的，一些经常性抿嘴生气、表情严肃的人，最容易造成此种法令纹。

肌肉型法令纹会在嘴角周边产生细纹，可以借由改变表情习惯或打肉毒杆菌毒素治疗。需要注意的是，若不明就里以填充物治疗，很可能造成填充物因肌肉张力被往上推挤，让法令纹更加严重。

老化型法令纹

因老化造成脸颊皮肤松弛或脂肪垫下垂，就会导致这样的法令纹出现，特点是仰躺下来法令纹就会变平。此类法令纹适合埋线拉皮，将下垂组织往上提升，即可恢复年轻的轮廓。

在消除法令纹之前，分辨其成因十分重要，有些人法令纹形成的原因可能不止一种，若想改善这种顽固型的法令纹，就必须仔细找出原因，再一并做治疗。

消除法令纹手段比一比

类型	凹陷型			肌肉型	下垂型		
原理	多见于颧骨高、牙齿外凸（微龅牙者）、上颌骨外凸者			肌肉拉力特别强的类型	苹果肌下垂及皮肤松弛将法令纹压得更深，先解决苹果肌的凹垂是重点		
判别	用手把苹果肌往上推，仍有法令纹凹陷			笑的时候更加明显	仰躺时变平，或将苹果肌往上推时没有明显凹陷		
方法	填充物			肉毒杆菌毒素	埋线提升		玻尿酸液态提升
材质	玻尿酸	晶瓷（亮瓷）	童颜针	肉毒杆菌毒素	细线	粗线	
优点	自然，立即见效	效果好，不容易位移	自然，不位移	医师技术很重要，必须判断是哪条肌肉，且要拿捏剂量	将松散下滑的皮肤收紧，顺带紧缩皮下脂肪	提升下垂苹果肌（上颌脂肪垫）	利用高G值玻尿酸深层注射在韧带点位之上，利用皮肤膨胀撑起上提，改善下垂感
缺点	有效期较短，打多容易上移	注射均匀，不会僵硬	2个月后才见效	微量弱化笑肌，效期较短	只有浅拉，所以效果较短暂	颧骨太高者不太合适	适合轻度下垂，重度需要与配合埋线

女王小提醒

不管怎么雕塑与调整，都要符合人体工学与美感才自然！

通常大多数人产生的法令纹，是合并 1 ~ 2 个原因造成的，所以治疗时想要效果更好，采用合并治疗方案是较为理想的！

另外，由于垫鼻沟槽的假体产品渐趋成熟，台湾地区的整形外科有时遇到重度下垂合并凹陷型的法令纹问题，会建议利用中下脸部拉皮手术的同时，放入鼻沟槽的假体，利用垫高鼻沟凹槽来减少凹陷感，甚至随着求美者求诊改善法令纹的需求越来越多，有些医师已经在研究用"自体筋膜"取代假体来置入，持久又自然！

选择治疗方案前，建议先自我判断法令纹成因类型，再与手术医师讨论评估找出合适自己的方案！最后提醒求美者，毕竟我们是要减少法令纹，而不是完全抹平法令纹，所以符合人体工学生物性的期待是比较合理健康的哦！

女王小教室 Queens Classroom

G 值即"抗变形能力"，它是内聚力（俗称黏性）和弹力（支撑性）两者加总评分的参考值。一般来说，当填充部位需要支撑时，我们建议顾客选择弹性强的颗粒型玻尿酸，当填充部位需要黏性时，则建议顾客选择内聚力强的凝胶型玻尿酸。

Chapter 3

美肤是王道

3-1

白皙是女王的
必要配备

什么是美白针？美白针到底可以美，还是可以白？

谈到美白，许多求美者最常想到的就是"美白针"。事实上，美白针又称为"营养针"，里面有很多种抗氧化的成分，包括 B 族维生素、维生素 C、谷胱甘肽等，可以依照个体需求，调整配比成适合每个人的成分。另外，"促进胶原合成""增强抵抗力""增加皮肤保水"等诉求，都是因应个人而调整。

美白针则是直接采用点滴式静脉注射，养分经由血液循环全身，可直接吸收，且不只是单一成分，可以针对个人身体状况来做调配。

常有人问，打美白针时要憋尿吗？当然不是的，当输入的有效成分被人体吸收后，多余的水、无机盐、尿酸、尿素等废品，就会形成尿液储存在膀胱中，所以过程或结束时会产生尿意，这时千万不要憋尿！

因为膀胱不是吸收器官，该吸收的早已经被身体吸收了。

女王小教室 Queens Classroom

美白针常用成分表

名称	适应证	功能	备注
氨基酸	电解质失调、维生素缺乏、蛋白质缺乏	分解脂肪使其易燃烧，刺激生长激素，促进新陈代谢，消除浮肿，增强免疫系统	
B 族维生素	神经痛、神经炎、关节炎、末梢神经麻痹，维生素 B_1、维生素 B_6、维生素 B_{12} 缺乏症，贫血	维护神经、皮肤、眼睛、头发、肝脏消化道及口腔健康、肌肤光泽	
维生素 C	牙龈出血、维生素 C 缺乏症	美白、抗氧化，对抗紫外线，促进肌肤胶原蛋白增生	
硫酸锌	黑眼球露出的部分太少，整个眼神的明亮度大打折扣	双眼皮形成术，合并开眼头、提眼睑肌	
硫辛酸	"万能抗氧化剂"，广泛用于治疗和预防心脏病、糖尿病等多种疾病。保存和再生其他抗氧化剂，如维生素 C 和维生素 E 等，并能平衡血糖浓度。有效增强体内免疫系统，免受自由基的破坏	对由肝脏机能不全引起的疲劳、眩晕、食欲不振等症状具有效果，可协助维持肝脏正常机能，并且养颜美容	

续表

名称	适应证	功能	备注
氨甲环酸（传明酸）	（凝血剂/消肿）异常出血	（抑制酪胺酸酶活性）抑制黑色素生成，加速色素代谢	有血栓形成倾向、心肌梗死病史者，避免使用
复方甘草酸苷	治疗慢性肝病，改善肝功能异常，治疗湿疹、皮肤炎、荨麻疹等	抗炎症作用，免疫调节作用，抑制病毒增殖和对病毒的灭活作用	
谷胱甘肽（还原型）	解毒，保护肝脏，抗过敏，辐射防护	抗氧化，消除人体自由基，还可以提高人体免疫力	与天然维生素C并用，能够提高其功效
银杏	末梢血管循环障碍（手脚麻痹冰冷、间歇性跛行），记忆力衰退，老人痴呆，视力模糊	抗氧化，促进血液循环，预防心血管疾病	因具有抗血小板作用，若与抗凝血剂合用，容易产生交互作用，要特别注意

我全身上下都好黑，打美白针可以让我变白变美吗？

首先，美白针不是漂白剂，是不可能把天生黑的皮肤变成白皮肤的，最多可以改善接近至目前全身最白的地方（可观看自己手轴、大腿内侧）的肤色。

美白针注射的次数也是问题，美白针只打一两次是没办法产生明显的效果的。因为人体一次的吸收量有限，所以通常美白针会作为疗程来进行注射，常见的是 10 ～ 12 次为一个疗程，视情况一周可打 1 ～ 2 次。不过还是要提醒求美者，不要长期依赖美白针来保养，相关使用及疗程需经由专业医师的指导方可进行。

疗程期间要特别注意防晒，虽然美白针成分中的维生素 C 有助于对抗紫外线伤害，但是如果对效果的期待是"变白"，那还是留意一点吧，尤其是夏天，变黑只是分分钟的事情。

有人不适合打美白针吗？

也有一些特殊情况是不建议注射美白针的，如有肾功能不全问题者，草酸钙结石、糖尿病、心血管疾病等严重疾病患者，怀孕或是哺乳期，对维生素过敏的体质也不适合。

而在生理期（MC）的女性朋友，要记得提醒院方把传明酸的成分拿掉，因为传明酸具备凝血功能，避免在生理期注射，以免经血下不来；而且千万不要吃太撑或空腹来打美白针，避免出现晕针的情形。

♛ 女王小提醒

打美白针还是先询问专业医师的意见！

女孩们，不论你是否有无特殊情况，都建议在做之前先和医生讨论一下，再确定注射哦！

Q4

随着年纪越来越大，皮肤越变越差了，
有什么办法进行整体改善呢?

A

通常皮肤变差跟老化、生活作息还有保养方式息息相关，但是内分泌失调也会导致皮肤变差。想要改善皮肤问题，除了调整作息、做好保湿防晒等之外，还要搞清楚自己是哪种肤质。

皮肤分油性、干性、敏感性、混合性、中性等几种类型，有的人在不同季节或不同地区时肌肤类型会改变，当你确定了自己的皮肤类型后，就可以针对自己的肤况进行医美保养。

👑 女王小提醒

选择医美项目前先了解肤况与类型!

以下是不同肌肤类型的参考适合项目，但并不代表其他项目你百分百不适合做，比如敏感性皮肤的人，敏感的程度也是差别很大的，假设有两个人同为敏感肌，都想打激光，有可能一个人能够采取低能量的治疗，而另一人却不行。建议做之前最好由皮肤科医生协助评估!

肤况 类型	痘痘粉刺	毛孔纹路	色素斑点	胶原紧致
油性肌	各式换肤类皆适宜（化学性、物理性）	微针、飞针、飞梭类（非汽化剥离式、汽化剥离式）	各式色素型激光	RF 电波 CPT 电波 Ulthera 极线音波
干性肌	新型温和换肤（杏仁酸、杏葡酸、胜肽酸等）	微针、飞针、RF 电波、水光针	脉冲光及激光类小心使用	同上
混合肌	可按照油性、干性分区处理	可按照油性、干性分区处理	可按照油性、干性分区处理	同上
敏感肌	新型温和换肤（杏仁酸、杏葡酸、胜肽酸等）	微针、飞针导入	脉冲光及激光类皆小心使用	同上
中性肌	都适合	都适合	都适合	同上

女王小教室 Queens Classroom

　　首先使用冷水及中性洗面奶洗完脸后，不擦任何保养品，春、夏约等 15 分钟，秋、冬约等 30 分钟，取几片吸油面纸或眼镜清洁纸片，按压在脸上不同部位。

　　如果皮肤是油性，纸片就会粘在脸上，取下时可发现有些透明状的小油点。如果纸片没有粘住皮肤，而且拿下时也没发现透明的油点，那么你的皮肤较偏向干性。如果纸片仅粘住在 T 字部位（额头、鼻子、下巴等），那么你的皮肤属于混合性。

Q5

除了肤质及需求，还有什么是医美手段选择的依据？

A

　　除了肤质之外，还要参考能接受的恢复期，因为每种治疗由浅到深都会有不同程度的恢复期，越是有疗效、改变越大的，相对恢复期也会长；而恢复期越长的，术后保养也越重要。需要根据自己的肤质和能承受的复原时间来决定治疗项目。

★ 依据恢复期由短至长的项目如下：

恢复期	项目
0	一般导入项目
1～5天	钻石微雕、温和换肤、脉冲光、保养型激光
7～10天	果酸换肤、水光针、微针、飞针、结痂类激光
12～15天	飞梭（非汽化剥离式）
15天以上	飞梭（汽化剥离式）

换肤项目多得让人眼花缭乱，该如何选择？

换肤一般分为两大类，一种是传统果酸换肤，一种是新型的温和换肤。如果你的皮肤不是耐受性很强的油性皮肤，一般建议采用温和换肤。

果酸、水杨酸换肤（属刺激换肤类型）

此项目可以代谢掉肌肤表层的老废角质层，刺激细胞活化，使基底层细胞快速再生，让角质层正常代谢，使肌肤亮白细致，长期治疗能有效改善痘痘肌肤状况。

特点：对青春痘粉刺效果最好，但对皮肤比较刺激。

杏仁酸换肤（属温和换肤类型——敏感肌可用）

萃取自苦杏仁的亲脂性果酸，能有效渗透角质层，深入皮肤发挥作用，有极佳的肌肤亲和力，能使肌肤净白，并针对油性肌和青春痘肌能有效改善皮腺阻塞，达到抗菌等效果。

特点：可抑制黑色素生成（美白）。

氨基酸换肤（属温和换肤类型——敏感肌可用）

利用天然甘蔗嫩芽及种子所萃取出的成分对抗痘痘，改善油脂过度分泌，并促进皮肤角质、黑色素代谢，使皮肤光滑、细致，较传统果酸保湿，氨基酸代谢物还具有辅助防晒的效果。

特点：适合皮肤很干燥又想做换肤者。

杏葡酸换肤（属温和换肤类型——敏感肌可用）

杏葡酸结合了杏仁酸与焦葡萄酸，焦葡萄酸同样有温和不刺激的特性，与皮肤的亲和力高，渗透角质层的速度快而且深，可直接深入皮肤底层发挥作用。简单来说，杏葡酸兼具杏仁酸的低刺激特性，可作用在表皮层及浅真皮层，快速地改善问题肌肤；拥有优良的保水效果，能够避免以往换肤后皮肤容易干燥、脱屑或有皮肤红肿的问题，增加皮肤湿度。

特点：可改善斑点、青春痘、粉刺或暗沉、油脂分泌不均等问题，提亮肤色。

胜肽酸换肤（属温和换肤类型——敏感肌可用）

当胜肽酸作用于肌肤时，果酸会与胜肽分离，果酸持续稳定释放，最先进入角质层汰除老废角质，胜肽则进行皮肤修护作用并降低刺激感，其分子量为 100 ~ 600 道尔顿，较利于吸收。

特点：胜肽酸能够突破传统果酸的限制，提高使用者的耐受性，敏感肌肤亦可使用。

换肤会让皮肤变薄吗？

许多人听到"换肤"，直觉认为会对皮肤造成伤害，更有换肤会让皮肤变薄的错误说法。其实酸类换肤只是帮助肌肤代谢老废角质，让粗糙、暗沉的角质层恢复正常，当酸性成分进入真皮层时，能刺激成纤维细胞与胶原组织增生，皮肤不但不会变薄，反而会变得更加饱满有弹性。

换肤后要特别做好防晒，不是因为皮肤变薄、变敏感，而是因为治疗后皮肤对紫外线的防御力低，所以治疗后需要避免肌肤曝晒，同时要时时刻刻加强保湿，才能让肌肤在换肤后呈现出水嫩饱满的效果。

美白抗老首先要从对抗紫外线开始?

　　女孩们一定要好好认识紫外线，它是我们皮肤的头号杀手，照得多了不但会让我们失去白皙的肌肤，还会让我们长斑、长皱纹，使皮肤逐渐失去弹性，也就是我们说的"光老化"，严重的话还会造成皮肤癌变！所以为了美丽及健康，我们应该努力做好防晒。（也请大家放心，因为还没有研究表明防晒会影响足量的维生素 D 合成！）

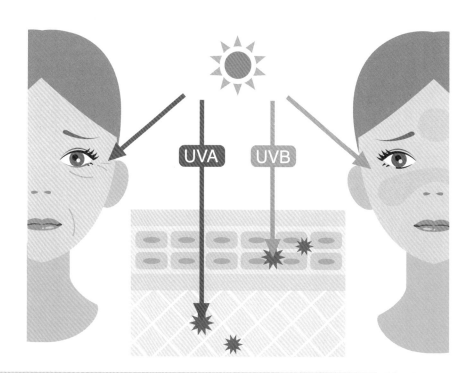

紫外线种类	UVA（长波）	UVB（中波）	UVC（短波）
波长 /纳米	320 ~ 400	280 ~ 320	280 以下
被臭氧层吸收程度	能穿透臭氧层	大部分被臭氧层所吸收	差不多全部被臭氧层所吸收
到达地面辐射量	超过 95% 的紫外线是紫外线 A	不足 5% 紫外线是紫外线 B	几乎为零
对皮肤的影响	晒黑，形成斑点，微血管浮现，松弛，失去弹性，形成皱纹	皮肤防御机制受损，皮肤变干，角质变厚，过量曝晒可导致皮肤晒伤	过量曝晒可引起皮肤癌变、皮肤溃烂（紫外线杀菌灯发出光的就是 UVC）

防晒乳（霜）种类那么多，该如何选择呢?

很多女孩拼命追求美白类的产品，不管是吃的、抹的，还是前面提到的点滴、换肤，却忽略了美白最重要的应该是先从防晒开始，不然你的美白大计完全是白费工夫。防晒首要的环节，从挑选防晒乳（霜）开始。

首先，要认识常常在防晒乳（霜）说明中出现的一些专有名词，防晒乳（霜）的种类及成分也很关键。

 女王小教室 **Queens Classroom**

所谓的 SPF 就是 Sun Protection Factor（日光保护系数），是针对紫外线 UVB 所设计的衡量标准。

SPF+ 数值，被称为防晒系数或防晒倍数，用于评估防晒产品抵御 UVB 的效果。SPF 值的高低从客观上反映了防晒产品对紫外线 UVB 防护能力的大小，系数越高代表遮蔽的时间越长，但并非越高越好。

每个人的肤质不同，假设不加防晒遮蔽时人体皮肤 10 分钟就会被晒红，那么用 SPF30 的产品做遮蔽时，可以延长被晒红的时间 10 分钟的 30 倍，也就是遮蔽时间可达到 300 分钟，换言之，每隔 5 小时即需要擦防晒品。

不过，SPF 所预防的 UVB，主要是保护皮肤不容易受到紫外线的伤害，如果想要美白抗老及预防斑点，除了 SPF，防 UVA 更是防晒品能力的真正体现，而要达到高倍数的 UVA 防护，SPF 值需要达到一定的指数。

常见 UVA 防护标示对应比较表

PA	PPD	PFA	防护等级
+	2 ~ 4	2 ~ 4	轻度
++	4 ~ 6	4 ~ 8	中度
+++	6 ~ 8	>8	高度

Q10

防晒品到底该如何正确使用呢？

A

1. 进行过敏测试

测试的方法是在手臂内侧或是耳背的皮肤上涂 10 分钟，如无不良反应即可正常在脸上使用。

2. 出门前 20 分钟擦防晒品

如果你使用的是化学性防晒品，应该在出门前的 20 分钟前涂抹完毕，才能有效地发挥其防晒作用，所以千万别急急忙忙在出门前一刻才使用哦！

3. 用量要足

每平方厘米至少需要 2 毫克的量，如果觉得一次量太多，可以分两次涂抹到脸上。如果不幸你的脸比一般人大，请多涂一点吧！因为防晒如果量不足，等于白费工夫，因此建议要一次涂足量，才能发挥效果。

4. 要不断补擦防晒品

根据防晒产品的效果时间，不足时记得要补涂，特别是出汗后，一定要提前擦防晒。

5. 彻底清洁

一般清爽的防晒基本用洗面奶就能清洗干净，但有些防晒特别厚重，需要借助卸妆类产品做清洁，才能彻底洗净。记住：防晒不是保养品，所以清洁也不该马虎。

除了脸部的防晒之外，其他还有要注意
的事项吗？

　　防晒可是全方位的行为，千万不要只依赖防晒霜，因为真的出了汗很容易就没了，而女孩们有时候懒得再补，尤其是在夏季，那些做过医美（如激光、水光、果酸换肤等皮肤手术）及长时间进行户外活动的女孩，可以随时在包包里备一副抗 UV 太阳眼镜，作为二次防护的备品，帽子及太阳伞都是很好的辅助工具，一定要让你的防晒 360° 无死角哦！

3-2

细致毛孔

为什么我的毛孔好大、皮肤好粗?

毛孔是皮脂腺出油的管道,因此越容易出油的人越容易有毛孔粗大的问题。通常皮脂腺丰富的地方也是毛孔粗大的部位,因此在 T 字部位或鼻子两侧的皮肤较易有毛孔粗大的问题。

除了皮脂腺,天生体质、乱挤粉刺、气温高、皮肤老化及保养不当,都是造成毛孔粗大的原因。

毛孔粗大问题对肌肤细致度一定会造成影响,有趣的是,毛孔粗大的问题一般而言男性比女性多,在意的女性却远远多过男性。

毛孔大、皮肤粗应该怎么改善？

毛孔粗大的问题，除了控油、去角质、抗老保养等手段协助调理，还可通过换肤、飞梭、电波等医美手段帮助改善，不过知道怎么改善之前，必须先知道自己的毛孔属于哪一种类型。

★缺水型毛孔（椭圆形）

特征：毛孔是椭圆形的，常出现在两颊，皮肤摸起来粗粗的。

保养：对抗缺水型毛孔，只要勤加保湿就可以获得解决。

医美手段：保湿导入、水光针。

★角质型毛孔（白头、黑头）

特征：分布于额头、鼻子等 T 字部位，为粉刺角质栓塞所致，如同草莓表面。

保养：日常需特别注意清洁。

医美手段：可选择杏仁酸换肤与胜肽酸换肤。其中，胜肽酸换肤为结合多种胜肽及复合果酸，当果酸分解表皮老化角质时，胜肽即可发挥修复作用，同时减少换肤时的刺痛及红肿。胜肽酸换肤适用于所有类型肤质，就连娇嫩的敏感肌也适合。

★ 油光型毛孔（圆形）

特征：常熬夜、夏日气候造成皮脂分泌旺盛及本身就是油性肌。

保养：主要是加强控油，让油水平衡。

医美手段：可选择酸类换肤项目，使用甘醇酸、杏葡酸、苦杏仁酸等作用于肌肤，属表浅化学换肤术的一种，具有促进肌肤新陈代谢、抑制出油、改善粗大毛孔等作用。

★ 老化型毛孔（水滴形）

特征：随着年龄增长，皮肤不仅松弛、布满纹路，就连毛孔也将因失去肌底支撑力而越来越粗大，外观犹如水滴状，分布于两颊，渐渐扩散至全脸。

保养：依个人可承受的修复期长短，以及老化型毛孔程度选择。

医美手段：可选择可刺激胶原蛋白增生的医美手段，如电波类——CPT、Ulthera。

★ 凹疤型毛孔（不规则）

特征：由于早期长痘痘或粉刺后留下来的痘印痘疤，或者有些是由于不当的挤压造成的凹洞，其实已经不能算是毛孔，而是疤痕，严重的话会像月球表面一样坑坑洼洼的。

保养：依个人可承受的修复期长短，以及凹疤面积严重程度来选择相关的保养品。

医美手段：飞梭类（非剥脱型、剥脱型）、微针及飞针类。

Q3

治疗多久，能感受到毛孔恢复细致的最佳效果？

A

在做医美咨询时常常会有人问：这些疗程会做多少次？基本上，多久可以做一次必须看疗程的强度，强度越大间隔当然会越久。

皮肤治疗是一场长期抗战，不好的保养习惯日积月累下来导致皮肤现在的状况，需要时间慢慢修复。皮肤28天左右更新代谢一次，一般来说皮肤治疗没有三个月到半年以上，是看不出什么效果的。

治疗前   治疗后

各项毛孔治疗手段比较表

项目	适用毛孔	作用效果	建议间隔
保湿导入	缺水型毛孔	表层补水，提亮肤色	1 周 1 ~ 2 次
水光注射	缺水型毛孔	深度保湿，改善干燥	1 个月
酸类换肤	油光型毛孔	油脂平衡，减少角质栓塞，均匀肤色，细致提亮	2 ~ 4 周（视肤质情况）
RF 电波	老化型毛孔	紧致毛孔，减少细纹，轻度拉提紧致效果	1 个月
CPT & Ulthera	老化型毛孔	增加弹力，紧肤效果，轮廓上提感	一般为单次治疗，可间隔每年一次维护
微针飞针	凹疤型毛孔	促进胶原新生，白皙嫩肤	1 个月
飞梭（非剥脱型）	凹疤型毛孔	刺激表皮再生，抚平纹路，紧致回春	1 ~ 1.5 个月
飞梭（剥脱型）	凹疤型毛孔	皮肤重建生长	2 ~ 3 个月

3-3

斑

你脸上的斑是哪一种？

斑的形成说起来十分复杂，它与遗传、年龄、饮食、日晒、情绪、药物、内分泌、生活作息及身体健康等很多因素有关。不同的斑点有不同的治疗方式，不过对于一般人来说，怎么分辨脸上的斑是什么斑，确实是一大难题。我们大概可从深浅、部位两个方向来分辨。

深浅

1. 浅层斑点

皮肤表浅层的斑点，边界明显，如雀斑、晒斑、老人斑。

医美手段：因为斑点位于表浅层，可以使用波长可自由调整的脉冲光或是波长较短的激光做治疗。

2. 深层斑点

也就是在皮肤深层的斑，从外表看起来雾雾的，边界不清晰，如颧骨母斑、太田母斑、贝克氏母斑。

医美手段：因为斑点位于较深层的部位，可以使用波长较长的激光做治疗。

部位

1. 颧骨附近——颧骨母斑

长在颧骨处的颧骨母斑，好发于 20 岁之后的东方女性，推测可能与内分泌失调，以及生活形态改变，如青春期、婚后、产后、更年期等有关。

颧骨母斑的外观多呈棕色或蓝黑色，由于深达真皮层，即使上妆也难以遮掩，是斑点家族中的难缠角色。

医美手段：医师会根据斑的分布由浅至深分层进行激光处理。

2. 脸颊、太阳穴附近——肝斑（荷尔蒙斑、黄褐斑）

肝斑名称很多，又称为黄褐斑、荷尔蒙斑，好发在脸部两侧，呈现淡棕色至黑灰色的网状或片状斑，通常是左右脸对称性分布。

肝斑产生的原因是荷尔蒙对体内色素所造成的影响，因此是最令人头痛、最难根治的一种斑，目前没有百分百可治疗好的方式，只能采取抑制的方式。

医美手段：肝斑属于慢性、容易反复发作的斑点，需要非常有耐心的长期治疗，首先肝斑要非常注重防晒，可采取酸类换肤、美白导入、口服或外用药及激光等多管齐下的治疗方式。

对抗恼人斑点要注意什么？

　　其实除斑就是一个"安内攘外"的概念。所谓"安内"指的是体内荷尔蒙变化、压力都会影响到斑的生成，因此维持良好的生活习惯是抑制斑点的方式之一；至于"攘外"则是外在紫外线的侵害，是最容易形成斑点的原因，因此一定要做好防晒，避免黑色素吸收，才能够有效防止斑点的出现。

　　预防当然重于治疗，不过斑点若已生成，激光治疗不外乎是对抗斑点的方法之一。前面分享了斑点对应的医美手段，也提醒求美者在激光手术后一定要做好保养，有时激光打深会结痂留伤口，若没有做好术后保养及防晒，后果可能会比没打激光前还惨。

　　至于有哪些人不能尝试激光，怀孕及光敏感的人，千万不可尝试。此外，激光前后一周，不要做任何形式的去角质或使用酸类保养品。

 女王小教室 **Queens Classroom**

怎么分辨自己是否光敏感？

　　光敏感指的是皮肤经由日照后有红肿、瘙痒等类似过敏的反应。当你不确定自己是否为光敏感时，可先到医疗院所做简单鉴别检查，也可到医学中心测试进行排除。

为什么打完斑，斑点看起来更多了？

许多人都反应，激光治疗后斑点好像变得更多了，事实上这是正常的现象！

因为斑点分深层、浅层两种，我们在处理斑点时会以不同激光波长做处理，在扫完浅层斑之后，黑色素往上跑，深层斑就会浮上来，所以才会给人有斑越打越多的错觉。

遇到这样的状况怎么办？不用太紧张，继续防晒，持续激光治疗就可以。

听说激光除斑会反黑，是真的吗？

反黑，顾名思义也就是斑点加深，一般有两种情况：一种是暂时性反黑，集中的黑色素被打散，黑色素往上代谢的现象反而使斑点变得明显；第二种是色沉性反黑，指的是发炎后形成的色素沉淀让局部颜色更深。

暂时性反黑

若感觉更模糊更大片，有可能是底层黑色素往上跑，这是激光治疗后的正常现象。激光治疗后较小的黑色素会被人体自然吸收代谢，原先比较集中的色素被击散之后，看起来就有晕开的效果，甚至会觉得面积比原先范围更大。

这种过程通常持续 1 ～ 3 个月后会慢慢改善，颜色也会比原来变浅，就算不继续治疗，也无须太过担心！

色沉性反黑

真正的反黑指的是发炎后的色素沉淀，会出现在一些较浅层的色素斑上，颜色像是较深的黑色痘疤，除了可能是因接受激光能量过高之外，本身的体质、代谢色素能力、术后的伤口照顾（是否不小心让痂皮太早脱落）、术后防晒是否彻底等也会造成色沉性反黑。这种形式的色素沉淀很难自行消退，需要完善的处理措施才能挽回。

完了！激光治疗后没做好防晒反黑了！
该如何补救？

若是出现了色沉性反黑的情况，可先停止后续的激光治疗，避免让色素沉淀更严重，等待情况好转之后，再考虑继续治疗。

如果皮肤表面出现伤口，可以使用口服药或外用药膏治疗，让伤口加速愈合，减少感染的机会，以缩短发炎的时间，减少感染的机会及色素沉淀。一定要做好防晒，已经受伤的皮肤十分脆弱，若此时再照射过多的紫外线，色素沉淀将会更加严重。

在做好防晒及使用药物之外，还可以根据医生建议接受酸类换肤或美白类项目进行改善，让色素加速吸收代谢出体外，缩短反黑的时间，之后再考虑继续激光治疗。当然仪器是死的，人是活的，操作医生对仪器与症状的掌握是关键。

女王小教室 Queens Classroom

处理色素类的激光比较

激光名称	波长 / 纳米	作用
铵雅克激光（净肤激光、白瓷娃娃、调Q）	532+1064	根据不同波长处理浅层及深层色素。紧致毛孔，提亮肤色，淡化色素，淡化刺青
染料激光（樱花激光、血管激光）	595	处理红色素、红疤痕、红血丝，改善血管型黑眼圈、静脉曲张
红宝石激光	694	处理浅层色素
紫翠玉激光	755	处理浅层色素，还兼具除毛的功能
二极体激光（光纤粉饼）	810+940	美白，嫩肤，除暗沉，淡化痘疤
775 皮秒激光（蜂巢皮秒）	532+755	有别传统激光，破坏色素更快，较不易反黑，不同波长可以处理不同层色素。淡斑，嫩肤，紧致毛孔，处理多色刺青
二代皮秒（全像超皮秒）	532+1064	新一代皮秒可根据不同波长处理深浅层色素。有 1064 波长，更能刺激胶原蛋白，改善肤质，紧致毛孔，处理多色刺青

3 - 4

皱纹

我的细纹是静态还是动态？

随着年纪增长，肌肤越来越无法对抗地心引力，逐渐在脸上开始留下岁月的痕迹。若想对抗这些细纹，让岁月不留痕，首先要了解自己的皱纹属于哪种类型。

动态纹

也称为"表情纹"，也就是平常没有，只有在脸部做表情时才会出现的纹路，比如：大笑时眼周出现的鱼尾纹及内眼角纹，皱眉时出现的眉间纹、鼻根横纹，挑眉时出现的抬头纹……都是属于动态纹。

医美手段：动态纹可使用"肉毒杆菌毒素"，借由肉毒杆菌毒素屏蔽神经肌肉间的信息传递，让肌肉放松产生暂时休眠的效果，平时应避免夸张表情，防止动态纹未来会演变成静态纹。

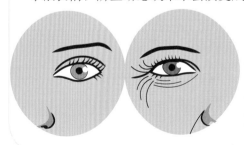

不过肉毒杆菌毒素注射后并不会马上产生作用，要在 5 ~ 7 天之后才会有明显的改善。如果是注射在更大块的肌肉群，则要更久时间。

静态纹

不做表情就存在的纹路就是静态纹，其产生跟年龄、干燥、日晒、长时间熬夜与压力等有关系。经年累月下来，真皮层的弹力纤维及胶原蛋白形成断裂，也会形成静态的真性皱纹，比较好理解的说法是化妆会卡粉的纹即是静态纹。

医美手段：静态纹比动态纹更难缠，单纯注射肉毒杆菌毒素已经无法对抗，此时可注射玻尿酸，利用填充方式，将玻尿酸注射于真皮组织内，与体内原有的玻尿酸融合，让皱纹隆起而后变平。注射玻尿酸后立即见效，效果非常明显，不过，玻尿酸注射后，会慢慢被身体代谢吸收，因此必须定期注射才有效果。

干纹

和静态纹并不相同，干纹是皮肤干燥缺水时才会出现，在油性肌肤上则看不到。干纹是细细的小纹路，脸部有表情时特别明显，皮肤越是干燥纹路越是密集。干纹若不及早处理会逐渐加深，变成静态纹。

医美手段：干纹是皮肤干燥导致的，因此只要加强保湿就很容易去除。可使用水光针注射，能够快速解决真皮层缺水的问题，刺激胶原再生，增强皮肤弹力，从而改善因缺水产生的干纹，让皮肤在短时间内变得光滑、透亮、水润。

对抗皱纹，注射水光针好还是玻尿酸好？

首先，我们要先认识什么是水光针。目前水光针注射的针剂成分以非交联型玻尿酸为主，功效在于补水、保湿，也就是加强皮肤的保湿能力，让干燥的皮肤恢复弹性，也可以改善肤色和细小皱纹。注射时，要借助专门的仪器"水光枪"，注射到紧贴表皮下的真皮层。

一般来说，分子越大的玻尿酸，越能打到深层，而水光针的玻尿酸只能打到真皮浅层，大约在皮下 0 ~ 3 mm。不过就改善肤质、补水保湿而言，打到真皮浅层已经足够了。玻尿酸针剂是交联型的玻尿酸，其主要功能是填充凹陷，可用来填充（苹果肌、太阳穴），填充深层皱纹（法令纹、静态额横纹），打造轮廓（填下巴、隆鼻），分子越大越硬则塑形越佳。

因此在消除皱纹方面，水光针可改善干纹，但对于深层的静态纹，还是玻尿酸注射针剂效果较优。

女王小提醒

你需要认识交联型玻尿酸！

交联型玻尿酸，代表的是玻尿酸中是否添加交联剂，交联剂加得越多，通常代表玻尿酸维持的时间越长，越不容易被人体所代谢；而少数人对玻尿酸有过敏反应，其实最常见的是对玻尿酸内含的交联剂产生排异。

Q3

水光针与玻尿酸要多久打一次？效果维持的时间都差不多吗？

所有的疗程其实都要视个人的皮肤状况而定，不过水光针注射的疗程大多是1个月注射1次，3～4次为1个疗程。

在效果维持时间方面，水光针的针剂成分注射进入真皮层后，与细胞发生水合作用，不过在促进血液循环的同时也会被不断代谢掉，一般来说，对于肤质干燥，且总是疏于保养的人来说，效果只能持续2～3个月；对于平时勤于保养的人来说，效果维持的时间自然很长，如果连续进行一个疗程的水光针注射，效果可以维持1年左右。根据个人体质、肤质、生活习惯不同，效果维持的时间也会有所差异。

　　至于玻尿酸针剂，依剂型不同可维持8～12个月，或按照医生要求定期补针。通常大分子维持得比小分子久，高链结维持得比低链结久，此外，个人体质及生活习惯也会影响玻尿酸的维持时间，如生活作息正常、没有工作压力、较少日晒高温、注重保湿的人，玻尿酸通常维持得比较久；而比较常活动的部位，如法令纹、嘴角的木偶纹，玻尿酸会较快代谢流失。

 女王小教室 Queens Classroom

水光针和玻尿酸针剂比较

	水光针	玻尿酸针剂
成分	非交联型玻尿酸	交联型玻尿酸
功能	补水保湿	填充凹陷、皱纹，打造轮廓
副作用	出现红斑、轻微浮肿和淤青（痘痘肌和敏感肌要特别小心）	几乎没有，有可能有肿胀或淤青
注射频率	约1个月1次，3次1个疗程	8～12个月注射1次

怎么做才能消除眼周细纹?

细纹最初都是从眼睛周围出现的，而细纹的产生不只是因为年龄，许多年轻人因为作息不正常、熬夜或长时间紧盯电脑屏幕、手机，甚至过分揉双眼，都会导致眼周细纹增生，看上去老了好几岁。

若是眼周纹路已变成静态纹，就得借助医美的方式来解决了。一般来说，眼周肌肤是全身最薄的地方，只能以小分子玻尿酸注射，因为注射大分子或中分子玻尿酸，会造成隆起，反而让眼周肌肤凹凸不平。

不过，眼周玻尿酸的注射十分讲求技术，求美者一定要慎选医师，让经验丰富的专业医师进行注射。

♛ 女王小提醒

如果你有眼周细纹及上眼皮松弛，也可尝试用水滴电波或 Thermage ST 眼周探头来进行眼周的保养及改善（目前只有这两款机器可以处理到上眼皮），而如果你只有眼下和眼尾的纹路，也可尝试用飞梭激光来处理。

Chapter 4

让女王教你如何打造 S 形超迷人
曲线 X 那些美女间的小秘密

4-1

美胸

什么样的胸形是完美胸形？

完美的胸形，是从锁骨中央的凹点，到两边乳房尖端，呈现一个正三角形，或者是两边乳房尖端到肚脐点，也是距离相等的正三角形，当发现正三角形变成了等腰三角形，小心！你的胸部可能开始下垂又外扩。

完美的胸部，大小不是唯一的条件，而是要从形状、坚挺度及集中度三方面去衡量。集中的标准是什么？简单来说，如果在不穿戴胸罩的情况下，乳沟约3指宽；穿戴胸罩后，乳沟可以集中在1指的幅度内，集中坚挺的胸形才能展现出优美的曲线，在视觉上更显丰满性感。

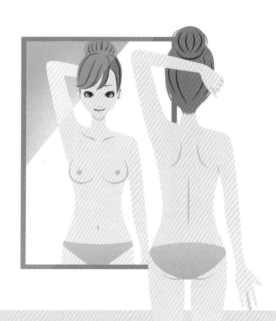

女王小教室 Queens Classroom

完美胸形的黄金比例

（1）乳房位于第 2 ～ 6 肋间。

（2）乳房基底直径为 10 ～ 12 cm。

（3）乳头约位于第四肋间（上臂约 1/2 处）。

（4）乳轴高度约为 5 cm，与胸壁几乎呈 90°。

（5）以乳头为中心，上半与下半约为 45%∶55%。

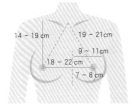
正面比例

侧面比例

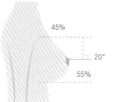
侧面角度

胸形比例

常见的乳房形状

Q2

我需要隆胸吗？这么多的隆胸方式，哪一种适合我？

A

想要通过隆胸手术改变胸部尺寸的求美者，除了找医师评估以外，还要依据自身的条件，这跟脸部微整与全脸整形一样，不是自己"觉得"想要将胸部变大就可以，还是由自身的条件决定的。

如何才能隆出完美的胸形，根据多年的医美咨询经验与专业医师的建议，令人满意的隆胸效果，应该是：

（1）形状正确。
（2）手感良好（触感自然）。
（3）动态仿真。

UP!

隆胸前　　　　隆胸后

 女王小教室 Queens Classroom

隆出完美胸形的两个关键

想要拥有完美胸形，形状与罩杯非常关键，术前务必量身定做，让形状与罩杯符合身形。还有就是隆胸手术所使用的材质选择也相当重要哦。

医学上的隆胸方式可分为自体脂肪丰胸、假体隆胸两大类型。

★自体脂肪丰胸

抽取自己身体的脂肪用来填充胸部，通常会抽小腹及大腿内侧的脂肪。这种方式特别适合抽脂雕塑身形的患者。不过前提是，不能使用具有破坏脂肪细胞的手术方式（如激光溶脂）。

自体脂肪丰胸必须评估患者的天生条件，评估方向包含乳房的空间及能抽取的脂肪量多寡，两个条件缺一不可。一次手术能增加 0.8 ~ 1.5 个罩杯，但因脂肪的存活及吸收代谢率因人而异，因此想一次到位的求美者不适用。

★假体隆胸

假体隆胸依照材质可分为：盐水袋材质、硅胶乳房假体两种。

盐水袋材质

这是最早期使用的隆胸材质，好处是可以将外膜卷入放置后再依个人喜好大小注入液体，切口小，恢复快；缺点是手感触摸时还是会有些液体流动的感觉，现在已逐渐淘汰。

硅胶乳房假体

依照假体的表面，可以分为光滑面及绒毛面两种选择。

硅胶乳房假体表面	选择条件	优缺点
光滑面	（1）曾经隆过乳 （2）在意柔软的触感	（1）胸廓正三角形 （2）希望拥有自然垂坠感 （3）未来想要取出较容易
绒毛面	在意形状，有水滴、圆形多种选择	（1）不需要特别术后护理 （2）有二十万分之一罹患淋巴癌的概率

女王小教室 Queens Classroom

假体隆胸如何选择？

假体隆胸前的准备是非常重要的，每位求美者都希望完美的胸形能陪伴自己一辈子，也因为隆胸是属于侵入式手术，保养得宜可维持长时间的效果，所以怎么"选择"是非常重要的一件事。有几项术前的准备与选择需要提醒每个求美者思考。

★假体隆胸前的准备

（1）医院协助求美者判别自身的条件。

（2）原生脂肪厚度。

（3）肌肉厚度。

（4）骨骼形状。

以上前三项因素相加决定假体的覆盖率。术前乳房超声波检查是绝对不能少的步骤，如此才能检查是否有病理的外征，毕竟健康的乳房是隆胸手术考虑的必要条件，而第四项因素——骨骼形状的部分决定了乳头的方向：朝内、朝外、朝前等。

★假体隆胸前对医院的选择

（1）医院是否提供术前胸部咨询流程与检测设置。

（2）医院是否提供专业的术后配套护理。

我想要隆成巨乳，有没有可能？

　　东方女生因为身型的关系，胸廓大多为 70 ~ 75 cm。姑且不论比例上的美观程度，若想拥有大罩杯的胸部，要先看自己的天生条件是不是足够可以整成大罩杯，毕竟有材料也得有库房存放。

　　隆胸一般以 200 ~ 250 mL 来说，大多可以增加 2 个罩杯或以上，整体视觉效果绝对是足够的，放到自己本身可以放的最大值就好，若执意要大胸部，一方面或许会有挛缩的问题，另一方面也有可能造成自己腰酸背痛。

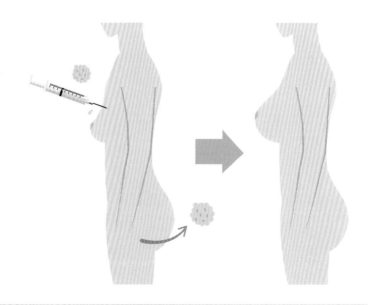

胸部开始下垂，如何 UP UP ？

胸部下垂状况分为 3 种类型。

下垂、外扩加乳头需改善

下垂的乳房通过缩乳手术将多余乳房组织去除，再将乳头调整到适当的位置，才能有效改善外扩的胸形，同时美化整体。

因老化下垂

针对乳房组织萎缩造成的乳房下垂，施行隆胸手术的同时需进行提乳手术才能完整地改善。

单纯下垂外扩

只要施行提乳手术时，将乳头方向调整到适当的位置，就有改善整体、使其美观的效果。

女王小提醒

提乳手术需合并其他手段进行改善

（1）采用电波拉皮即可使胸部上缘皮肤恢复弹性。

（2）选择合适的乳袋结合自体脂肪以达到提乳效果。

隆胸的切口（放置乳袋的入径）有哪些?
会留下疤痕吗?

隆胸所使用的切口决定了疤痕的位置，目前隆胸所使用的切口有 4 种：腋下、乳晕、乳房下缘及肚脐。依照求美者所选择的假体及所需乳袋的大小，来选择不同位置作为切口。乳房下缘与腋下疤痕皆不明显，乳晕切口会影响日后哺乳，目前腋下手术为主流。由于目前美容医学已相当发达盛行，若本身不是"蟹足肿"方面的特殊体质，只要加强术后伤口的护理，几乎不会留下疤痕。

隆胸切口比较表

腋下切口	一般人最常选择的切口，疤痕较不明显
乳房下缘切口	适合胸部微下垂的求美者
乳晕切口	放入乳袋入径最近的距离，缺点是较易引发乳腺炎，术后敏感度降低
肚脐切口	放入乳袋入径最远的距离，风险最高，伤口远而更不明显，不易被发现做过隆胸手术

隆胸手术后需注意什么？

　　一般 7 天拆线后开始按摩，至少维持 6 个月，1 年以上最佳，要将居家按摩当作一辈子的保养术。术后可立即配合口服软化剂以加速软化，以及降低包膜挛缩胸部变硬的概率。手术后 7 天，每日早上可服用 400 单位的维生素 E 一颗（除非严重包膜者早晚各 400 单位一颗），连续服用 6 个月，有助防止胸部包膜组织挛缩硬化。少数的病人手术后乳头可能会有麻痹感觉，但经过数个月后便会恢复正常。术后的乳房按摩是非常重要的一个环节，为的是避免包膜挛缩发生，手术后的 7 ～ 10 天开始按摩，术后 3 个月是黄金修复期。建议每周按摩 3 次，每次 50 ～ 60 分钟，或是采用多次短时间的方式按摩。每次进行 10 分钟。待 3 个月乳房稳定后，可改为每日按摩 30 ～ 40 分钟。

什么是包膜挛缩？

　　包膜挛缩是人体在修复组织时的自然反应，新生的组织紧紧包附植入的假体外缘形成了包膜，造成假体在体内无法伸展，包从而产生乳房僵硬与疼痛的问题，这也是隆胸手术后最常发生的并发症。

　　包膜情况严重，会导致乳房左右大小不对称，以及触感会变硬等问题，皮肤肌肉较紧密或乳房厚度不够及组织较少者，容易发生此现象。

4 - 2

[好身材——躺着也能
轻松瘦 x 美 x 匀称]

市面上各式各样的抽脂溶脂，看得人眼花缭乱，差别究竟在哪里？

首先要跟大家强调的是，不管抽脂还是溶脂，都不是减肥的方式，这些只能"雕塑身材"，真正的减肥还得靠控制饮食和运动才行。关于身材雕塑，你常听到以下雕塑术。

传统抽脂

将脂肪通过手术的方式抽出，让局部脂肪消失以达到局部雕塑身材的目的。抽脂手术需要反复刮除脂肪，较容易造成附近组织的伤害，使得术后恢复较为不适，后期推出的多种抽脂方式皆是为了优化传统抽脂的弊端。

水刀抽脂

水刀抽脂手术是利用扇形水柱慢慢冲刷，分离脂肪与神经组织，比起传统用蛮力的抽脂方式，水刀抽脂利用水的温柔特性，可以有效降低对组织的伤害，出血量较少，术中也可以立即评估是否有表皮组织不平的状况，术后肿胀不严重，恢复期也较短，大幅改善传统抽脂的缺点。此外，利用水的压力冲刷脂肪组织，不易伤害到血管与神经，所以抽脂手术后的疼痛感与淤青比较少。

水刀抽脂手术后两三天内，组织因为打入大量的配方水，所以会有一些残留液体流出，需要配合穿着弹性衣。

冷冻溶脂

若还是无法摆脱侵入式手术的恐惧，冷冻溶脂就是最好的选择了。

冷冻溶脂属于非侵入式的溶脂技术应用，是在体外使用，通过低温作用在局部脂肪区，让脂肪中的三酸甘油酯在一定低温下凝结成固体，造成脂肪提早老化而自然凋亡，脂肪细胞经由人体的淋巴系统自然代谢排出，进而达到局部塑身的目的。

不过，冷冻溶脂的效果一次只能达到 20% 左右，要达到更好的效果需多次治疗。

超音波脂雕

超音波脂雕是利用音频快速震荡形成音波气泡，在减少伤害神经和血管的条件下将脂肪细胞膜破坏成为乳糜状，再将乳化成液态的脂肪吸出体外，对神经血管的伤害降低了许多。此外，由于超音波标靶乳化脂肪时会产生热能，不仅能止血，还能有拉紧表皮的紧肤效果，使得恢复期缩短，皮肤松弛情况得到改善。

激光溶脂

激光溶脂是利用微创手术方式，使用微细的激光光纤进入皮肤下的脂肪层，利用光震波将脂肪细胞膜震碎，再利用引流方式取出。

相较于传统抽脂，激光溶脂手术能够减少出血，也可以缓解术后的疼痛与不适，但能处理的脂肪范围较浅，此法对深层脂肪无法全面处理，适合小范围局部雕塑，脂肪太肥厚者需考虑其他方法。

威塑

属于超音波脂雕的一种，其专利科技使其在抽脂手术中对神经、血管伤害最小，出血最少，这意味着术后恢复快，血肿状况少，可大幅降低感染概率。威塑是台特殊的抽脂仪器，需经原厂认证的医师才能操作。

哪一种去脂效果较好?

　　哪一种抽脂效果好? 当然, 还是得看自己本身的条件与期待值, 非侵入式溶脂的效果当然不如侵入式的手术, 大家一定要先和医师沟通自己的需求, 并经由专业医师的审慎评估, 选择适合自己的方式。另外, 咨询时, 需要确实了解医师是否针对"出血量多寡""术后淤血程度""抽脂范围深浅"三项进行分析并说明, 以协助你选择出最合适的去脂手段。术后也必须维持良好的饮食习惯, 适当运动可以维持理想的体态。

常见去脂手术比一比

材质	传统抽脂	水刀抽脂	激光溶脂	超音波溶脂	冷冻溶脂
雕塑原理	直接以手术抽出脂肪	利用扇形水柱冲刷脂肪	以激光光震波将脂肪细胞膜破坏进行溶解	音频快速震荡，使脂肪乳糜化再去除	低温让脂肪细胞坏死
优点	可以抽取大范围脂肪	有效降低组织伤害，出血量较少	恢复期较短，小部位可不穿塑身衣	除溶脂外也有紧肤效果	非侵入性，术后即可自由行动，几乎无恢复期
缺点	有安全性隐患	术后两三天内，组织因为打入大量的配方水，所以会有一些残留液体流出	无法深层处理到较深层脂肪	抽脂术，需做多次，效果较佳，费用偏高	需做多次才有效
适用部位	脂肪量多的大范围，如腹部、臀部、大腿、蝴蝶袖	局部肥胖，如小腹、大腿、臀部、小腿、蝴蝶袖。产后肥胖与深层脂肪	小部位浅层脂肪或已经做过抽脂手术后，想再精细调整者	腰腹部赘肉、腰后肉、大腿等环抽、蝴蝶袖	腰腹部赘肉

什么人不适合抽脂或溶脂?

　　不适合进行抽脂手术的人,包括怀孕者,BMI值太高或是肌肉肥大的人,太瘦的人,糖尿病、高血压、心脏病、有凝血功能障碍的患者,皮肤过度松弛者。另外,全身性过于肥胖的人,应该先减重,再来评估是否进行抽脂雕塑曲线。

　　一般在进行抽脂或溶脂手术前,医生都会先抽血检查,手术前应避免喝酒、抽烟,会引起凝血不良的药物如阿司匹林等也需停用,术后还要穿着塑身衣,以避免抽脂术后可能出现的肿胀与淤青。

抽脂或溶脂会让人皮肤变松吗？

不少人担心进行抽脂或溶脂的雕塑手术之后，会让皮肤变得松垮，失去弹性，因此一直裹足不前，不敢轻易尝试。事实上，传统的抽脂手术做完后或许会出现皮肤松弛的情形，但激光或冷冻溶脂几乎没有这样的情形。

拿激光溶脂来说，激光溶脂所产生的热能，能发挥紧缩组织的作用，让皮肤更为紧致，在燃烧脂肪的同时也解决了皮肤松弛的问题；冷冻溶脂也有紧实结缔组织、让身体胶原蛋白再造等作用，因此不会出现松垮的情况。

反过来说，如果手术前本身皮肤已经非常松弛，可以做溶脂或抽脂吗？答案是不行的，本身皮肤过度松弛，在做完抽脂或溶脂手术后，皮肤只会更加松弛哦！

Q5

抽脂或溶脂后会复胖吗？可以一做再做吗？

A

必须再次和大家强调，抽脂手术的目的，主要是减少局部脂肪堆积情形，是雕塑身形，而并非瘦身，在体重方面不会有大幅减少，因此没有所谓复不复胖，而是雕塑完的身形是否会再度走样的问题。

抽脂或溶脂手术后若能搭配饮食及运动，再配合医师指导，当然能够维持身形，但若术后没有好好保持，依旧摄取过多的热量又不运动，仍然会让脂肪堆积在小腹等处，雕塑后的身形也会随之消失。

抽脂或溶脂手术可以重复做吗？

如果抽脂的部位是不同部位，只要身体状况允许，1～2个月后即可再进行抽脂手术；如果是同一部位，建议需等待 6 个月以上的时间，再进行抽脂手术较好；冷冻溶脂则需间隔 3 个月以上再做。

你是胖胖腿还是壮壮腿？如何解决？

事实上，粗腿分为两种：胖胖腿与壮壮腿。想要解决粗腿，得先搞清楚自己的粗腿属于哪一种。

胖胖腿

特征：小腿肚并不结实，皮肤看起来松松垮垮的，捏起来软乎乎的，但胖得很匀称。

医美手段：消脂针、吸脂手术。

壮壮腿

特征：肌肉明显，小腿肚可以捏起一块肌肉，也就是所谓的萝卜腿。

医美手段：肉毒杆菌瘦腿、手术。

Q7

你常听到的消脂针是什么？跟抽脂手术有什么不同？

消脂针是利用药物的特性促进脂肪代谢，是目前非手术局部减肥最为安全、有效的方法，尤其适合小面积局部减肥，如双下巴、脸部、肢端等部位，还可以弥补脸部的小缺陷，令脸看上去更小、更上镜。

消脂针可以打哪里？

其实从头到脚都可以打，注射消脂针后，脂肪的新陈代谢加速，将脂肪降解吸收，同时更可收紧、上提皮肤。不过要注意，若是在小腿上使用消脂针，一定得是胖胖腿，若是肌肉型的壮壮腿，打消脂针是不会有用的。

消脂针不会立即见效，至少需要等待 3 周，且每个人对消脂针的反应不一样，得到的效果也不尽相同。求美者可依医师评估决定自己要注射几次，但每次注射要间隔两周，注射完后也要加以热敷和按摩，以免产生硬块。

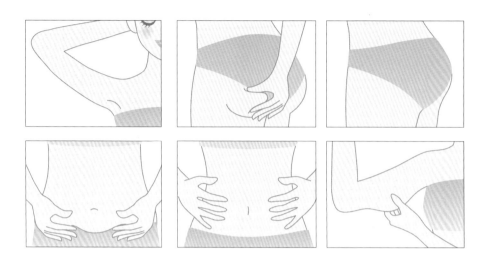

　　消脂针和抽脂手术虽然都是对脂肪细胞进行破坏溶解，但排出体外的机制不同。消脂针适合小面积注射，且必须正确注射在脂肪层才有效果，为不想动手术的人提供另一种较安全的方式。

👑女王小提醒

　　（1）有肝脏疾病或内分泌疾病的人，要经过医生评估是否可以注射，不要贸然注射。

　　（2）消脂针目前并非官方正规的去脂手段，使用前须先确认其合法性与相关安全性，方能降低求美风险。

想赶走讨厌的壮壮萝卜腿要怎么做？做手术安全吗？

想要"拔萝卜"，不仅要顾及小腿的外形，而且不能影响小腿功能。一般来说，治疗萝卜腿的方式可以分为手术及非手术方式，非手术就是将肉毒杆菌毒素注射在肌肉上让肌肉力量弱化，注射在腓肠肌上使肌肉从壮大变软小。不过，由于腓肠肌是大块肌肉，所需的肉毒杆菌毒素剂量很多，费用高，且因腓肠肌经常使用，需时常穿高跟鞋的女生们恢复的速度会加快，6～8个月后可补打维持。

至于手术，从一开始较激烈的切腓肠肌，到现在不需住院几乎无伤口的神经阻断术，逐渐在进步，不须破坏肌肉，只要找出支配腓肠肌的运动神经将其自上游截断，下游的肌肉因为没有神经支配，一段时间后就会萎缩，也就达成了治疗萝卜腿的目的。

不过，小腿神经截断的手术虽然较为安全，但如果术后仍经常从事与小腿有关的运动，比目鱼肌多少会发生"代偿性肥大"的情况，以取代腓肠肌的部分功能，肥大的比目鱼肌会造成小腿腿形的改变。另外，也就是肌肉萎缩后即不再恢复原来的样子，因为神经一旦被截断就无法再生，日后患者若长时间运动时小腿较易酸痛疲劳，或无法以脚尖持续施力。

因此，如果本身是运动员或跳舞的人，是不能也不适宜接受萝卜腿手术的。另外，如果腿形是属于O形腿的人，去除萝卜腿的肌肉后，反而会让腿部的弯曲线条更加明显，并不会更美。

肉毒杆菌毒素瘦腿多久见效？觉得酸痛正常吗？

一般而言，肉毒杆菌毒素瘦腿不会马上见效，前2周会酸痛，再过2周后开始变软，大约会在4周后效果渐趋明显，6～8周会是效果最明显的时候。不过维持的时间依个人状况而有不同，有人可以维持半年，有人可维持更久。

打完肉毒杆菌毒素后，觉得小腿发酸无法使力，这是正常的情形，除了强度高的运动无法做之外，走路或其他的运动其实没有影响。注射后若有淤青，前48小时先冰敷，之后温敷，通常一周左右这种感觉会逐渐消失。

RF 纤纤美腿术比一比

手术类型	消脂手术	肉毒杆菌毒素瘦腿	腓肠肌切除术	神经阻断术
适用对象	脂肪型胖胖腿	肌肉型壮壮腿	肌肉型壮壮腿	肌肉型壮壮腿
方法	用传统抽脂手术或光纤溶脂减少小腿部分脂肪	注射肉毒杆菌毒素阻断神经传导，让肌肉萎缩	通过手术直接切除小腿腓肠肌	手术切断控制腓肠肌的神经，造成腓肠肌萎缩
麻醉	局部麻醉	表面麻醉	全身麻醉	全身麻醉
伤口	有	无	有	有
效果	永久性	半年	永久性	永久性
优缺点	快速恢复且安全性高，但会淤青肿胀	不需动刀，但要一直重复注射	伤口较大，疤痕明显，手术风险也较大	手术简单，术后恢复快，有明显疤痕

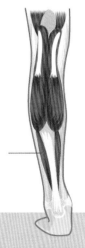

比目鱼肌

腓肠肌

现在很流行的"瘦肩针"是什么？

所谓的瘦肩针，其实和瘦脸针、瘦腿针是一样的东西，也就是肉毒杆菌毒素，作用原理也是一模一样的。打在肩膀上的瘦肩针，目的是放松肩上的肌肉，让它们少动，然后就会适度变小。

瘦肩针是打在斜方肌的位置，斜方肌的主要功用是举手和耸肩，而斜方肌发达的人，通常都会有脖子较短，肩膀看起来宽厚，看不见锁骨的共同特征。

瘦肩针由于是注射肉毒杆菌毒素，因此不可能立即见效，打完一周后开始出现效果，一个月左右的时候效果最明显，不过维持时间不长，4～6个月后得需要补针。

至于有没有副作用，其实瘦肩针有没有副作用跟很多因素有关，包括：肉毒杆菌毒素的品种与质量是否合格，注射瘦肩针技术是否够好……不同因素会产生不同的副作用，注射过多或者浓度过大会导致肌无力、手臂无力；如果注射不精准，容易导致肩部两边不对称，露出的肩部也不自然。

除了瘦肩针外，对付虎背熊腰的方式还有哪些？

瘦身是一辈子的事情，维持良好体态当然也是女人一辈子的功课。当身体累积厚重脂肪时，除了注射瘦肩针外，还可通过手术的方式，达到维持时间较久的塑身效果。

手术可分为较有疼痛感的侵入式和非侵入式的机器减脂。

侵入性抽脂

包括：传统抽脂手术，我们在前面的章节已经针对两者讨论过，由于是侵入式手术，在安全上多少有些风险存在。

非侵入式的机器减脂

包括：激光溶脂、冷冻溶脂、超音波溶脂、聚焦超音波溶脂等，这些都是直接破坏脂肪细胞，让脂肪细胞坏死或冻死后，过一段时间后排出体外，让身体体积缩小，达到塑身的目的。

做了前面所说的任何一种手术后，是否
永久不会复胖?

　　基本上，这是许多减肥者的困惑，总觉得瘦身下来后就可以放肆大吃大
喝。事实上，除了太过激进地减掉小肠或进行缩胃手术抑或得了厌食症，目
前世上还没有任何一种完全不复胖的方式，因此花了钱做完医美手术，终于
摆脱虎背熊腰，找回凹凸有致的窈窕身材后，一定要在饮食上多加节制，配
合良好的生活习惯及运动，才能达成目标!

4 - 3

女人的私密花园

如何修出比基尼线?

　　近年来十分流行"比基尼线"，原意是让女孩们修毛后，穿比基尼时不会露出来，不过不穿比基尼是否就不用修毛? 其实阴毛是导致异味的一大主因，定期修毛会让女孩们更为清爽舒适。

　　怎么修毛呢? 市面上有出许多专门为女性打造的修毛美体刀，若想要一劳永逸，或者减缓毛发生长的速度，激光除毛是不错的选择。

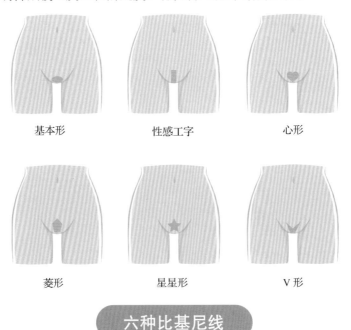

基本形	性感工字	心形
菱形	星星形	V 形

六种比基尼线

激光除毛前，应请皮肤科医师进行评估，包括阴部、阴唇、股沟、肛门周围、腹股沟，排除是否有毛囊炎、毛发倒插、接触性皮肤炎、念珠菌感染、多毛症、虫咬阴虱感染或其他的潜在病因，才可以进行除毛。

刚除完毛的皮肤部位会泛红 1 ~ 2 天，可能会有些许刺痛感，后续保养要加强保湿，不要使用刺激性产品清洁，应使用温和的清洁产品，穿棉质内裤，保持干爽，适时更换卫生护垫或棉垫。

👑女王小提醒

这些人不可自行除毛！

有毛囊炎、毛发倒插、多毛症或其他潜在病因的求美者，不建议自行除毛，因为阴部附近皮肤较敏感，很有可能因除毛不慎导致皮肤受伤。

私密处松弛怎么补救?

私密处松弛（阴道松弛）与老化的原因

40 岁以上女性

长期慢性腹部高压导致脱垂

流产及人工流产

分娩后使肌肉弹性衰减

过早发生性行为

经常提重物

慢性咳嗽

先天型构造松弛

阴道松弛不但会影响性生活，还会导致漏尿的状况发生，造成生活的困扰，为女性带来极大的不便。不过现在的医美已经可以改善这样的情形，靠手术或激光两种方式，可以让已经松弛的私密处再度紧实。

传统的阴道紧实手术

阴道整形手术是个可以"定制"的手术，医生会在术前询问想要的大小，再进行缝合手术，将阴道的后壁、阴道下软组织到阴部底会阴部的肌肉进行紧实缝合，由于需层层缝合，需要全身麻醉且耗时至少一个半小时，术后初期可能会出血，需要仔细护理。

激光手术

这种无伤口阴道紧缩术，是借由激光在阴道内上皮细胞点阵治疗，剥离衰老角质，刺激结缔组织新生与修护，重塑黏膜细胞，达到提升湿润及弹性度，使得尿道和膀胱上壁肌肉较为拉紧和收缩，达到较为紧实的状态。

激光时间很短，最长只需 20 分钟，就可大大改善阴道松弛、漏尿及女性更年期内阴道壁上皮黏膜老化萎缩、干涩及退化等问题，成为近几年大受欢迎的私密处保养方式。

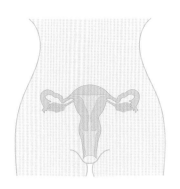

私密处手术比一比

别名	蒙娜丽莎激光 私密花蕊激光 私密苹果激光	G 紧幸福小女人	传统私密处缩紧手术
激光仪器	二氧化碳	铒雅铬	无
热效应作用	穿透深度深，具较大激光热效应，持续性刺激胶原蛋白增生	穿透深度浅，靠多次击发激光热能提高热效应，造成黏膜过度剥离，缺乏凝聚作用	无
激光波长／纳米	10600	2940	无
治疗时间	5～10分钟	15～20分钟	1～1.5 小时
疗程次数	标准疗程为3次，每次间隔4周	4～6次疗程，需间隔1个月	一次性改善
有无伤口	无	无	有，会出血
恢复期	无恢复期	无恢复期	恢复期较长且易 留下疤痕
安全性与舒适	非侵入式，微温热感，无须麻醉	非侵入式，无须麻醉	侵入式，须麻醉
治疗程度	全阴道紧实	全阴道紧实	只改善阴道口缩紧
注意事项	1周内不行房	1周内不行房	2个月内不行房

4 - 4

[头发]

什么是植发？常见的植发手术有哪些?

植发手术也就是自体毛发移植的手术，在网络上只要搜寻有关植发的手术，马上会跳出各种名词，如微创植发、隐形植发、韩式植发、法式植发等，让人眼花缭乱，外加一头雾水。

所有植发手术都是要把毛囊取出来再植进去，可分为FUE（整个头皮随机取出单一毛囊）和FUT（切一片头皮取出毛囊）。

常见植发手术比一比

项目名称	FUT （切一片头皮取出毛囊）	FUE （整个头皮随机取出单一毛囊）
收费方式	通常以根计费	通常以株计费（每株 1～4 根）
取发方式	人工皮瓣取发	（1）人工取发 （2）机器人取发
优、缺点	伤口有一条线的痕迹； 毛囊品质好； 疤痕体质不适合； 使用费用低	单个伤口较小，范围较大； 疼痛感较低； 毛囊较易发炎； 费用高
注意事项	1 周后可以用温冷水洗头，3 周后可以使用生发水促进伤口附近血液循环	

  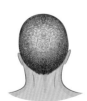 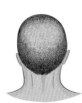 

Q2

哪些人适合植发？哪些人不适合？

A

雄性秃、因外伤或手术等引起的斑痕性脱发等，都适合做植发手术。

至于哪些人不适合植发，除了年龄限制之外，首先，全秃的人由于已没有毛囊，自然无法做植发手术；而一些特殊疾病，如自体性免疫疾病（如红斑狼疮）患者，要经过医师做完整身体健康评估，才能确定是否可做植发手术。

另外，因压力造成的圆形秃，俗称"鬼剃头"，也不建议做植发。鬼剃头是一种奇怪的疾病，一般认为是精神压力过大引起毛囊暂时进入休止期而导致头发脱落，植发并非是医治的方法。

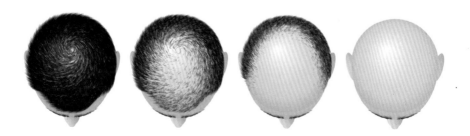

Q3

植发能让头发变多吗?

A

不能。

这是许多人常有的疑问,虽然很多人的希望是可以让头发变浓密,但目前植发的技术,只是将现有资源重新分配,把后枕部不受雄性荷尔蒙损害的健康毛囊,移植到秃发的地方,在视觉上的确是比原来的秃发样子要好得多。不过,已老化的毛囊是无法移植的,因此把握移植黄金期很重要,错过黄金治疗期,就连植发也救不回消失的发际线!

至于植发手术可以做几次,其实并没有限制,视还有多少健康且不受雄性荷尔蒙损害的毛囊而定。另外,如果秃发范围过大,一次手术无法完成,也可能需要接受二次手术。

Q4

植发是永久的吗？是不是就不会再掉头发了？

A

是的。植发是将不受雄性荷尔蒙损害的健康毛囊移植到秃发的地方，移植后也会不受雄性荷尔蒙损害，是一劳永逸的方式。

Q5

我头发不多，可不可以移植别人的头发？

A

植发不太可能用别人的毛囊，因为会产生排斥作用，即使吃抗排斥药物，也有可能无法生长，因此目前并没有这样的实例。

除了植发，我可以将毛发移植到眉毛或
睫毛上吗？

可以的，移植睫毛的考虑与眉毛相似，为了看起来自然，全部都以单
一毛囊种植，毛发的选择以纤细为主，大多选择耳后的毛发使用。